Photoshop
CC 完全实例教程

张　诺　刘剑云　关　威◎编著

清华大学出版社

北京

内 容 简 介

本书通过大量实例教程，讲解Photoshop CC软件的使用方法，可以帮助平面爱好者，特别是平面设计人员提高软件的专业操作能力，拓展设计者创作思路，从而提高综合专业技能。

本书共8章，一方面用由浅入深的教学方法逐步剖析Photoshop CC软件功能，帮助读者快速精通各种类型设计方法；另一方面对各种类型的素材进行后期特效处理、App图标设计、产品包装设计等实例操作，帮助读者快速掌握设计精髓。

本书结构清晰、语言简洁、实例丰富、讲解生动、版式精美，适合设计初、中级读者阅读，包括广大设计爱好者如摄影师、产品设计师等，同时也可作为各类计算机培训中心、技工学校和大中专职业学校的辅导教材。

图书在版编目(CIP)数据

Photoshop CC完全实例教程/张诺，刘剑云，关威编著. —北京：清华大学出版社，2018（2021.2 重印 ）
ISBN 978-7-302-48623-7

Ⅰ.①P… Ⅱ.①张… ②刘… ③关… Ⅲ.①图像处理软件—教材 Ⅳ.①TP391.413

中国版本图书馆CIP数据核字(2017)第261159号

责任编辑：魏 莹 李玉萍
装帧设计：杨玉兰
责任校对：李玉茹
责任印制：丛怀宇
出版发行：清华大学出版社
    网   址：http://www.tup.com.cn，http://www.wqbook.com
    地   址：北京清华大学学研大厦A座   邮 编：100084
    社 总 机：010-62770175   邮 购：010-62786544
    投稿与读者服务：010-62776969，c-service@tup.tsinghua.edu.cn
    质量反馈：010-62772015，zhiliang@tup.tsinghua.edu.cn
印 装 者：北京博海升彩色印刷有限公司
经 销：全国新华书店
开 本：190mm×260mm   印 张：20.5   字 数：497千字
版 次：2018年1月第1版   印 次：2021年2月第3次印刷
定 价：89.00元

产品编号：073797-01

前　言

为何编写此书

　　艺术的发展总是伴随着人类的文明史，现代人类的文化与科技已经密不可分，科技的发展远远超过预想，除了服务人类的生活外，科技发展带来的美感也日益提高。数码产品的诞生帮助人们留下无数的精彩瞬间，但是仅仅留下原本的影像已经无法满足人们的需求，于是，图形处理软件的出现完美地解决了这一问题。

　　Adobe 公司开发的平面设计与制作软件 Photoshop，是目前公认的、最好的平面设计软件，自推出之日起，它以强大的图形处理能力一直受到广大平面设计人员的青睐。Photoshop 应用领域广泛，涉及平面设计、广告摄影、影像创意、网页设计、界面设计、后期制作、视觉设计等。自 2013 年 7 月 Photoshop CC 的诞生，属于 Photoshop CS 的时代宣告结束，在 Photoshop CS6 功能的基础上，Photoshop CC 新增相机防抖动功能、Camera Raw 功能改进、图像提升采样、属性面板改进、Behance 集成等功能，以及 Creative Cloud，即云功能。除此之外，Photoshop 不仅具有极强的图形图像创意设计功能，同时具有极佳的图像润饰能力。

　　Photoshop 的"低门槛"特性使得它适用于任何想要学习它的人，但是要想真正掌握这一技能，就必须系统地学习与实际训练。为了帮助从未接触过 Photoshop 的初学者在短时间内熟练掌握软件 Photoshop CC，并将其应用到实际工作中，我们编写了本书。本书将 Photoshop CC 的功能进行合理划分，从基础的工具、界面的应用到综合案例的制作，由浅入深地讲解，给读者构建出一个完整的 Photoshop CC 的知识框架。

本书内容

　　内容共分 8 章，共讲解 80 个经典案例，每章均通过若干案例讲解并示范 Photoshop CC 的实际应用，其中各个功能与操作通过不同的方法相互配合，掌握新技能的同时还深入开发了已学知识的更多应用技能，帮助读者轻松地掌握使用方法，更能应对数码照片的处理、平面设计等多种工作需要。

　　第一章介绍了工具箱中各个工具的基本操作；第二章讲解了利用 Photoshop 的调色工具实现对照片的调色和美化；第三章介绍了如何通过对路径和文字的编辑来为画面添彩；第四章介绍了如何更好地美化画面效果，使读者的后期处理技巧有进一步的提高；第五章通过讲解滤镜的应用，帮助读者制作各种画面特效；第六章讲解了 Photoshop 的三维功能；第七章讲解了如何利用 Camera Raw 处理 Raw 格式图像；第八章以图像特效制作、数码照片处理、平面广告设计和商业海报设计等多个典型案例为例，详细地讲述了 Photoshop CC 的实战应用。本书全新的学习理念和超大的知识容量，让读者的 Photoshop CC 实际应用能力得到提高与飞跃。

前 言

本书特色

(1) 本书语言通俗易懂，所选案例典型实用，使读者在实例中尽快理解和掌握 Photoshop CC 的使用技巧。

(2) 本书实用性强，书中的案例均是特别常见的图像处理案例，使读者更快理解并掌握 Photoshop CC。

(3) 本书内容丰富、实例典型、步骤详细、生动易懂，即使读者对 Photoshop 的了解很少，只要按照各绘图实例的步骤进行操作，也能够绘出对应的图形，从而逐渐掌握 Photoshop CC。

(4) 本书与时俱进，多以当下的流行案例为主要制作目标，如图标制作、手机界面设计等，具有较高的学习价值与艺术价值。

适用读者群

(1) 专业从事 Photoshop 设计的初学者。

(2) 本科院校相关专业师生。

(3) 具有一定 Photoshop 基础的爱好者。

配书素材

书中案例配套素材文件，读者可通过扫描每章首页中的二维码进行下载。

致谢

本书由华北理工大学的张诺、关威老师以及天津工业大学的刘剑云老师编著。参与本书编写工作的还有吴涛、阚连合、张航、李伟、封超、刘博、王秀华等，在此一并表示感谢。为了更好地完成本书，帮助读者提高自身能力，在成书过程中，收到许多来自专业人士的宝贵意见以及编辑的认真指导，令人受益匪浅，正是因为这些人的大力支持，本书的编写工作才可以顺利完成。在此，对所有为本书的发展做出努力的审阅者表示敬意与感谢。

编 者

CONTENTS 目 录

CONTENTS 目 录

CONTENTS 目 录

第一章

Photoshop CC 绘图工具的应用

学习提示

在 Photoshop CC(简称 PS) 中，基本绘图工具的应用是一切操作的基础，各式各样的图像处理离不开这些基础操作。本章的学习目标是让读者了解并逐渐掌握各项绘图工具的基础操作，为以后的设计打下坚实基础。

扫二维码下载
本章素材文件

案例一　给照片增加边框效果

应用：矩形选框工具

有时，图片需要有边框，如何用 PS 为二维图形添加简单的边框效果呢？本节将讲述如何使用矩形选框工具给照片加边框效果。

01 打开 Photoshop CC 软件界面，如图 1-1 所示，执行"文件"→"打开"命令，将准备的素材图片置入操作界面中，如图 1-2 所示。

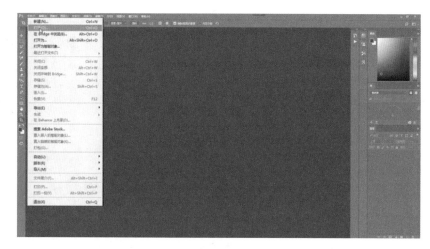

图 1-1

图 1-2

02 选择背景图层（素材图片图层），按 Ctrl+J 快捷键，复制该图层，如图 1-3 所示。

03 在工具箱中，长按选区图标，右侧出现多个选框工具，选择"矩形选框工具"，或按快捷键 M，如图 1-4 所示。

图 1-3

图 1-4

04 用矩形选框工具在图片中心位置绘制矩形，调整好位置与比例，如图 1-5 所示。

05 执行"编辑"→"描边"命令，如图 1-6 所示。

图 1-5

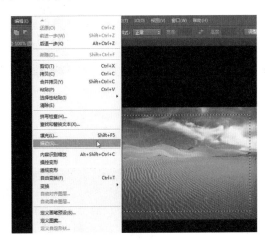

图 1-6

06 在"描边"对话框中，将描边宽度设置为 1 像素，颜色设置为白色，如图 1-7 所示。

07 在菜单栏中执行"选择"→"反选"命令，或者按 Shift+Ctrl+I 快捷键，选中选区以外的部分，如图 1-8 所示。

图 1-7

图 1-8

08 执行"图像"→"调整"→"亮度/对比度"命令，将选区里的部分颜色调暗，如图 1-9 所示。

09 将亮度与对比度的值均向低调整，如图 1-10 所示。

图 1-9

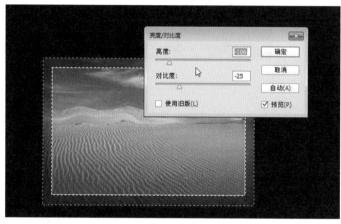

图 1-10

10 按 Ctrl+D 快捷键，退出选区状态，将图片存储即可。将照片本身的画面边缘做暗化及半透明处理，里面再勾一圈细细的白线，效果简洁又非常精致，如图 1-11 所示。

图 1-11

案例二 制作一张唯美逆光效果的人物图片

应用：套索工具

Photoshop CC 的"套索工具组"中包含 3 个套索工具，分别是"套索工具""多边形套索工具"和"磁性套索工具"。套索工具是最基本的选区工具，它在图像处理中起到十分重要的作用。

不同的套索工具有着不同的使用效果，所以在绘图时应注意根据实际需求选择合适的套索工具，保障作图效率和质量。

---

01 执行"文件"→"打开"命令，将素材图片置入操作界面中，如图 1-12 所示。

02 按 Ctrl+J 快捷键，得到图层副本——图层 1，并将图层 1 的混合模式更改为"正片叠底"，如图 1-13 所示。

图 1-12 　　　　　　　　　　　　　　　　图 1-13

03 选择"套索工具"，将草地部分圈出来，如图 1-14 所示，并将羽化值设为"10 像素"，如图 1-15 所示。

图 1-14

图 1-15

04 按 Ctrl+J 快捷键，得到图层副本，用来调整图片色调。执行"图像"→"调整"→"色相 / 饱和度"命令，下调明度与饱和度的数值，使草地部分的颜色变深，如图 1-16 所示。

图 1-16

05 执行"图像"→"调整"→"可选颜色"命令，对黄色和绿色进行调整，将草地变为暗红色，如图 1-17 和图 1-18 所示。

图 1-17

图 1-18

06 使用工具箱中的"加深工具"对草地细节进行加深处理，如图 1-19 所示。

07 如图 1-20 所示，将前景色的颜色改为橙黄色，在工具箱中选择"画笔工具"（见图 1-21)，用画笔工具将天空部分的颜色涂满，效果如图 1-22 所示。

08 选择"移动工具"，将准备好的天空图片拖曳到画布上，如图 1-23 所示。

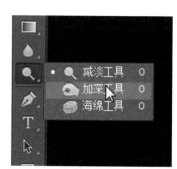

图 1-19

09 在"图层"面板中选择"天空图层"，右击，在弹出的快捷菜单中选择"创建剪贴蒙版"命令（见图 1-24)，而后调整图片的位置，如图 1-25 所示。

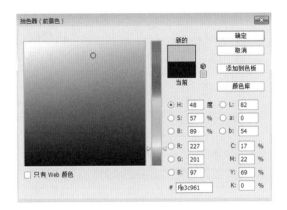

图 1-20

图 1-21

图 1-22

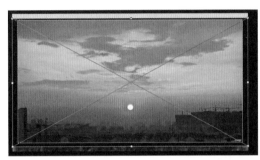

图 1-23

图 1-24

图 1-25

⑩ 按 Ctrl+J 快捷键复制图层，执行"图像"→"调整"→"色相/饱和度"命令，对全图、红色、蓝色进行调整，如图 1-26、图 1-27 和图 1-28 所示。

⑪ 调整完毕后，执行"图像"→"调整"→"曲线"命令，对色调进行调整，使天空颜色变暗，接近夕阳的颜色。完成后，选择该图层并右击，在弹出的快捷菜单中选择"创建剪贴蒙版"命令创建剪贴蒙版，如图 1-29 所示。

图 1-26   图 1-27

图 1-28   图 1-29

■12 按 Shift+Ctrl+N 快捷键，新建图层，选择"套索工具"，画一个椭圆，如图 1-30 所示；套索羽化值设为 20 像素，并填充橙黄色，混合模式设置为滤色，如图 1-31 所示。

图 1-30   图 1-31

■13 按 Ctrl+J 快捷键，复制当前图层；按 Ctrl+T 快捷键，将椭圆变得更扁，如图 1-32 所示。

■14 复制背景图层，在"图层"面板中将背景图层副本拖曳至顶层，并选择工具箱中的"磁性套索工具"，如图 1-33 所示，将人物部分抠下来，按 Shift+Ctrl+I 快捷键反选选区，按 Delete 键，删除该部分，将人物留下来，如图 1-34 所示。

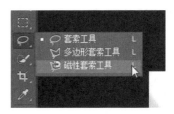

图 1-32   图 1-33

15 执行"图像"→"调整"→"色相/饱和度"命令，将人物整体颜色调暗，从而产生逆光剪影效果，如图 1-35 所示。

图 1-34   图 1-35

16 新建一个图层，并创建剪贴蒙版，在工具箱中选择"画笔工具"，在人物左侧涂上黄色，如图 1-36 所示。

17 新建图层，选择"椭圆选框工具"，如图 1-37 所示，羽化 20 像素后填充橙黄色。按 Ctrl+D 快捷键取消选区，并将混合模式更改为"叠加"，如图 1-38 所示。

图 1-36   图 1-37

18 复制该图层，使用变形快捷键 Ctrl+T，将图层副本中的椭圆调小，并重复几次复制图层命令，如图 1-39 所示。

图 1-38   图 1-39

19 用"椭圆选框工具"绘制一个小点的圆，羽化值设为 20 像素，并填充纯白色，混合模式设为滤色，最终效果如图 1-40 所示。

图 1-40

案例三　给发丝飞扬的人物图片更换背景

应用：快速选择工具

"快速选择工具"是一种基于色彩差别、却用画笔智能查找主体边缘的新颖方法，给客户提供了便捷、优质的选区创建方法。

素材图片中美女的发丝纤细纷乱，想要更换背景图片，套索工具难以满足抠图需求，这时使用快速选择工具将更便利。

01 在画布中置入要处理的人物图片，如图 1-41 所示。

02 如图 1-42 所示，选择"快速选择工具"，并将工具栏中的笔刷大小调成 30，如图 1-43

所示。

图 1-41

图 1-42

图 1-43

03 使用"快速选择工具",按住鼠标左键不放,在需要框选的区域移动,将人物部分用工具框选出(凌乱发丝暂时不管),如图 1-44 所示。

04 单击"调整边缘"按钮,如图 1-45 所示,在弹出的对话框中选中"智能半径"复选框,如图 1-46 所示。

05 用画笔在有发丝的地方大范围涂抹,如图 1-47 所示。效果如图 1-48 所示。将发丝全部涂抹完毕后,单击"调整边缘"面板中的"确定"按钮。

图 1-44

图 1-45

图 1-46

图 1-47

图 1-48

06 如图 1-49 所示，用"移动工具"将外部素材文件直接拖曳到画布上，并将该新图层调整到两个图层之间，如图 1-50 所示。

图 1-49

图 1-50

07 为了突出人物，将涂鸦图片进行颜色调整。执行"图像"→"调整"→"亮度/对比度"和"图像"→"调整"→"色相/饱和度"命令，将图片调暗一些，如图 1-51 和图 1-52 所示。

图 1-51　　　　　　　　　　　　　　　　图 1-52

08 仔细观察图片，发现头发边缘部分有白边，可以使用工具箱中的"加深工具"（见图 1-53），在人物图层的头发部分反复涂抹，对边缘细节进行处理，如图 1-54 所示。

图 1-53　　　　　　　　　　　　　　　　图 1-54

09 最终效果如图 1-55 所示。

图 1-55

案例四　制作水墨风格人物头像

应用：魔棒工具

"魔棒工具"是 Photoshop 提供的一种比较快捷的抠图工具。对于一些分界线比较明显的图像，通过"魔棒工具"可以快速地将图像抠出。

01 准备好一张人物图像，打开 Photoshop CC，将素材直接拖曳到画布上，如图 1-56 所示。

图 1-56

02 将背景部分去除，只留下人物部分。选择工具箱中的"魔棒工具"，单击背景部分，如图 1-57 所示，可以轻易地将背景全选（在处理图片前，需要对图层进行解锁，在"图层"面板中，将"背景"图层右侧的锁图标拖到右下角的垃圾箱图标将该图层删除），如图 1-58 所示。

图 1-57

图 1-58

03 为了使人物边缘更加自然柔和，单击"调整边缘"按钮，勾选"智能半径"复选框，并将半径值设置为 1.5 像素，如图 1-59 所示。

04 按 Delete 键删除已经选中的白色背景部分，如图 1-60 所示。

图 1-59   图 1-60

05 执行"图层"→"新建"→"图层"命令，再执行"编辑"→"填充"命令，给新建图层填充灰色，如图 1-61 所示。

图 1-61

06 需要一张底图来当作水墨特效的底纹,可以是建筑、花草、树木等,关键是图片效果,此处选择一张树木的素材。将图片使用"移动工具"拖到画布上,并按 Ctrl+T 快捷键,将图片倒置,如图 1-62 所示。

07 保持选定树木图层,按住 Ctrl 键,单击人物图层的蒙版图像缩览图,人物的轮廓选区出现在树木图像上,如图 1-63 所示。

图 1-62　　　　　　　　　　　　　　图 1-63

08 单击"图层"面板下方的蒙版图标,将选区外的部分隐藏,只留住人物部分的图像,如图 1-64 所示。

09 因为要制作水墨效果图片,因此需要将图片的颜色去掉,如图 1-65 所示。单击树木图层中左侧的缩览图,执行"图像"→"调整"→"去色"命令,图中的颜色被去除,只留下黑白灰明暗关系,如图 1-66 所示。

图 1-64　　　　　　　　　　　　　图 1-65

10 选中抠图人像图层,按 Ctrl+J 快捷键,并将复制图层放置到树木图层上方,如图 1-67 所示。

11 此时,人物需要也变成灰色图片,执行"图像"→"调整"→"去色"命令,将人物灰度化,如图 1-68 所示。

12 为了增加图像的明暗对比及艺术效果,执行"图像"→"调整"→"色阶"命令,将图像调暗,并更改"调整"下拉菜单中的"色相 / 饱和度"选项,给图像增加一点蓝色,降低饱和度，如图 1-69 所示。

图 1-66

图 1-67

图 1-68

图 1-69

13 选中人像图层副本，将混合模式更改为"滤色"，此时可以看出来一点效果，如图 1-70
所示。

14 使用"画笔工具"中带有笔触的笔刷工具，选择树木图层，对图像细节进行处理，
使图片更有水墨画的感觉，最终效果如图 1-71 所示。

图 1-70

图 1-71

案例五　让破旧老照片焕然一新

应用：修复画笔工具

　　许多老照片由于氧化或保护不当而破旧不堪，并出现许多折痕、污点等损伤。如何让具有珍贵意义的老照片恢复如初呢？ Photoshop CC 中的"修复画笔工具"可以用来对老照片进行修补。"修复画笔工具"是 Photoshop 中经常用来处理照片的工具，它可以去除照片中的污点以及其他不理想部位。

---

01 置入图片。首先使用"移动工具"将图片拖入画布，如图 1-72 所示。

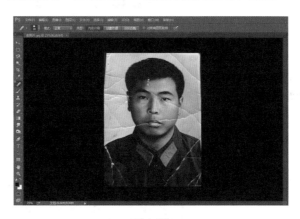

图 1-72

02 处理皮肤肌理，执行"滤镜"→"杂色"→"蒙尘与划痕"命令，如图 1-73 所示，半径设为 3，阈值设为 15，如图 1-74 所示。

图 1-73

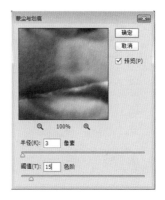

图 1-74

03 在工具箱中选择"加深工具"，如图 1-75 所示，在头发发白的地方涂抹，把头发加黑，如图 1-76 所示。

04 使用"修复画笔工具"，如图 1-77 所示，将人物脸部与衣服部分的折痕和白点去掉。"修复画笔工具"的各项参数可以通过右击来更改，如图 1-78 所示。"修复画笔工具"的使用方法：选择"修复画笔工具"，按住 Alt 键不放，单击脸部与衣服上完好的区域，而后松开鼠标，在折痕上涂抹即可，如图 1-79 所示。

05 脸部与衣服上的破损处修复完毕，如图 1-80 所示。

图 1-75　　　　　图 1-76　　　　　图 1-77　　　　　图 1-78

图 1-79　　　　　　　　　　图 1-80

06 使用"快速选择工具"，将衣服上发白的区域勾选出来，按Shift+J快捷键复制衣服图层，并执行"图像"→"调整"→"曲线"命令提高该图层的明暗对比度，如图 1-81 所示。

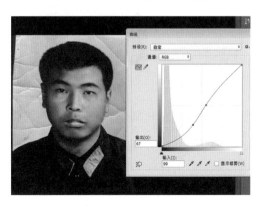

图 1-81

07 修复背景部分。选择"仿制图章工具",如图 1-82 所示,长按 Alt 键与鼠标左键,点击修复对象附近的区域,然后涂在修复对象上,如图 1-83 所示。

图 1-82

08 照片折痕污点基本处理完毕,接下来需要调整一下照片的形状。执行"编辑"→"变换"→"扭曲"命令,对几个点进行拖曳调整,如图 1-84 所示。该操作应尽可能本着保证照片基本没有变形的原则进行,如图 1-85 所示。

图 1-83   图 1-84   图 1-85

09 执行"图像"→"调整"→"色阶"命令,对图片进行最后的完善,如图 1-86 所示。

10 最终效果与原图对比,如图 1-87 和图 1-88 所示。

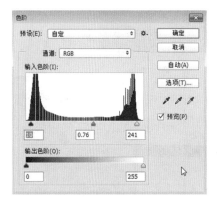

图 1-86   图 1-87   图 1-88

案例六 修复照相机拍摄"红眼"

应用:红眼工具

"红眼"这个术语实际上是针对人物拍摄的,当闪光灯照射到人眼的时候,瞳孔会放大,让更多的光线通过,视网膜的血管就会在照片上产生泛红现象。由于目前的相机技术不能绝对消除"红眼"现象，因此可以通过后期的 Photoshop CC 软件来解决，Photoshop 有一个非常便利的"红眼"去除工具——"红眼工具"。

01 打开需要处理的图片，执行"选择"→"在快速蒙版模式下编辑"命令，如图 1-89 所示。

02 使用"红眼工具"，单击眼球的正中位置，红眼立刻变为深色眼球，如图 1-90 所示。

03 用"红眼工具"处理另一只眼睛，最终，"红眼"快速去除，如图 1-91 所示。

图 1-89　　　　　　　　　　图 1-90　　　　　　　　　　图 1-91

04 选择"磁性套索工具"，将黑眼球部分框选下来，按 Ctrl+J 快捷键，执行"图像"→"调整"→"色阶"命令，进行细微调整，让黑眼球有透光感，从而显得更加真实，如图 1-92 所示。

05 对另一只眼睛同样进行上述处理，最终，红眼现象成功消除，如图 1-93 所示。

图 1-92　　　　　　　　　　　　　　　图 1-93

案例七　制作炫酷战斗机海报

应用：魔棒工具、画笔工具

制作海报时，首先要收集相关素材，根据海报主题设计构图，制作过程并不复杂，但需要足够的耐心，将素材一步步地处理好并放置在适宜的位置，最后对图像进行整体调整即可。

01 执行"文件"→"打开"命令，将准备好的云图片置入，如图 1-94 所示。

图 1-94

02 使用工具箱中的"模糊工具"，如图 1-95 所示，将远处的云层进行模糊处理，使整个画面更具有空间感，如图 1-96 所示。

图 1-95   图 1-96

03 因为主题以战争为背景，所以需要使天空的颜色变暖一些。执行"图像"→"调整"→"色彩平衡"命令 (相关操作见图 1-97) 和"图像"→"调整"→"曲线"命令 (相关操作见图 1-98)，处理图片的色调和明暗关系。

图 1-97

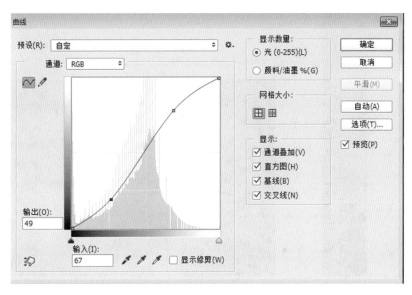

图 1-98

04 按 Shift+Ctrl+N 快捷键，新建图层，如图 1-99 所示，使用"画笔工具"，在适当的位置画出环境光。在"图层"面板中，将混合模式更改为"滤色"，如图 1-100 和图 1-101 所示。

图 1-99   图 1-100

05 再一次按 Shift+Ctrl+N 快捷键，新建图层，使用"画笔工具"，将颜色设为蓝色，在图像上涂抹，如图 1-102 所示，将该图层模式改为"滤色"，如图 1-103 所示。

06 执行"文件"→"打开"命令，将战斗机的图片置入画布中，如图 1-104 所示。

07 使用"魔棒工具"，在战斗机背景部分单击，按 Delete 键删除背景部分，战斗机部分留用(需要反复处理)，如图 1-105 所示。

08 使用"移动工具"将抠出的战斗机直接拖曳到有天空的文件中，并调整好位置，将该图层重命名为"战斗机"，如图 1-106 所示。

图 1-101

图 1-102

图 1-103

图 1-104

图 1-105 图 1-106

09 按 Ctrl+J 快捷键复制"战斗机"图层，并将图层副本置于"战斗机"图层下方，如图 1-107 所示。

10 执行"滤镜"→"模糊"→"动感模糊"命令，对"战斗机 拷贝"图层进行处理，如图 1-108 所示。

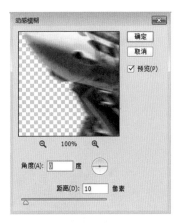

图 1-107 图 1-108

11 使用"移动工具"将副本图层微微向右移动，形成战斗机动感效果，如图 1-109 所示。

图 1-109

12 使用"加深工具"对"战斗机"图层中战斗机的暗部进行处理，统一画面光线，使其明暗关系鲜明，如图 1-110 所示。

13 新建图层，如图 1-111 所示，使用"画笔工具"给战斗机绘制黄色环境光，并将混合模式更改为"滤色"， 如图 1-112 所示。

14 新建图层，使用"画笔工具"在机身上涂抹，而后将混合模式改为"滤色"，并将该图层置于"战斗机"图层之上，如图 1-113 所示。

图 1-110

图 1-111

图 1-112

图 1-113

15 用"移动工具"将火球拖曳入图像中，使用"魔棒工具"将火球黑色背景选中，按 Delete 键删除，火球留用，如图 1-114 所示。

16 将火球的图层样式更改为"滤色"，调整好摆放位置，按 Ctrl+J 快捷键复制火球图层，并执行"滤镜"→"模糊"→"动感模糊"命令，增加火球动感，如图 1-115 所示。

17 按 Ctrl+J 快捷键复制几个火球和火球的图层副本，放置到合适的位置，调整大小，如图 1-116 所示。

18 将"战斗机"和"战斗机拷贝"图层一起复制两次，如图 1-117 所示，调整比例大小，放在画面中合适的位置，如图 1-118 所示。

图 1-114

图 1-115

图 1-116

图 1-117

19 新建图层，使用"画笔工具"画出一些红色火星来增加画面效果，如图 1-119 所示。

图 1-118

图 1-119

20 最终效果如图 1-120 所示。

图 1-120

案例八　抠出透明矿泉水瓶

应用：钢笔工具

　　"钢笔工具"是 Photoshop 中用来创造路径的工具，其应用十分广泛，创造路径后还可以对路径进行编辑。下面讲解如何使用"钢笔工具"抠出图像。

01 执行"文件"→"打开"命令，将准备好的矿泉水瓶图片置入，如图 1-121。

图 1-121

02 按 Ctrl+J 快捷键复制"背景"图层，并添加图层蒙版，如图 1-122 和图 1-123 所示。

03 按住 Alt 键，单击蒙版缩览图，进入蒙版编辑状态，如图 1-124 所示。

图 1-122　　　　　　　　　图 1-123　　　　　　　　　图 1-124

04 选择"背景"图层,按 Ctrl+A 快捷键全选后,按 Ctrl+C 快捷键复制,再进入"图层 1"的蒙版编辑状态,按 Ctrl+V 快捷键粘贴,如图 1-125 所示。

05 在"背景"图层上,用"渐变工具"中的"径向渐变"工具,从画面中心向外侧拉,色调设为冷色,如图 1-126 所示。

图 1-125　　　　　　　　　　　　　　图 1-126

06 在蒙版图层中,用"钢笔工具"将矿泉水瓶抠出来并建立选区,按 Shift+Ctrl+I 快捷键反选,填充黑色。然后用"钢笔工具"将瓶盖和商标部位抠出来,建立选区,填充白色,如图 1-127 所示。

07 单击图层缩览图,使用"模糊工具"将瓶子边缘进行模糊处理,使过渡更加自然,如图 1-128 所示。然后按 Ctrl+J 快捷键复制该图层,调整透明度,用"画笔工具"在底部增加阴影,如图 1-129 所示。

08 最终完成图与原图对比,如图 1-130 和图 1-131 所示。

图 1-127　　　　　　　　　　　　图 1-128

图 1-129　　　　　　　图 1-130　　　　　　　图 1-131

案例九　合成美丽建筑水面倒影照片

应用：涂抹工具

　　"涂抹工具"可以用来在一个空的图层上根据其他图层的颜色来绘制涂抹的效果。"涂抹工具"可以产生由移动起始点开始延伸的涂抹效果，就好像作画时利用未干的画笔进行涂抹，因而要注意混色情况的出现。

　　01 打开素材文件，执行"文件"→"打开"命令，把图片置入画布之中，如图 1-132 所示。
　　02 使用"矩形选框工具"将建筑物下方框选，如图 1-133 所示，按 Delete 键删除，如

图 1-134 所示。

图 1-132

图 1-133   图 1-134

03 执行"图像"→"画布大小"命令，将画布的高度加大，如图 1-135 所示。

04 按 Ctrl+J 快捷键，复制该图层，执行"编辑"→"自由变换"命令，拖动变形框顶端中点向下移动，即可将图层副本向下方翻转，翻转效果如图 1-136 所示。

05 按 Ctrl+J 快捷键将倒影图层复制备用，如图 1-137 所示。

06 选择"倒影 拷贝"图层，执行"滤镜"→"模糊"→"动感模糊"命令。模糊效果可调，只要微偏出原图即可，后期做出的效果也会比较逼真，各参数设置和模糊效果如图 1-138 所示。

图 1-135

图 1-136

图 1-137

图 1-138

07 按住 Ctrl 键不放，同时选中"倒影"图层和"倒影 拷贝"图层，松开 Ctrl 键，右击，在弹出的快捷菜单中选择"合并图层"命令，将两个图层合并成一个图层，如图 1-139 所示。

08 在工具箱中选择"涂抹工具"，如图 1-140 所示，选择"倒影"图层，用"涂抹工具"在不同水平面上，从左至右画几次，再从右至左画几次，具体操作看实际效果，重点是使投影有波浪的效果，如图 1-141 所示。

09 按 Shift+Ctrl+N 快捷键，新建图层并将该图层命名为"水波纹"，专门制作水波效果。执行"编辑"→"填充"命令，给该图层填充白色，如图 1-142 所示。

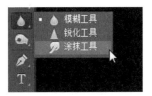

图 1-139　　　　　　　　　　　　　　　　　图 1-140

图 1-141　　　　　　　　　　　　　　　　　图 1-142

10 执行 "滤镜" → "杂色" → "添加杂色" 命令，数量设为 150%，选中 "高斯分布"
单选按钮并选中 "单色" 复选框，如图 1-143 所示。

11 在 "滤镜" 菜单下选择动感模糊，数值设置如图 1-44 所示。

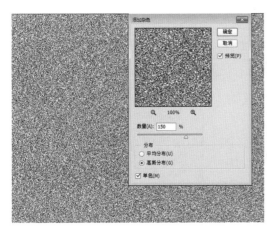

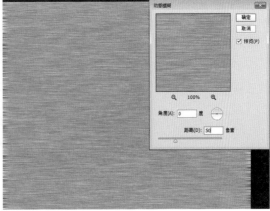

图 1-143　　　　　　　　　　　　　　　　　图 1-144

12 执行 "图像" → "调整" → "色阶" 命令，将水波纹图层微微加深，如图 1-145
所示。

图 1-145

执行"编辑"→"变换"→"透视"命令，如图 1-146 所示，将"水波纹"图层顶层向内聚集，产生近大远小的效果，如图 1-147 所示。

图 1-146

为了使水波纹效果更加柔和自然，执行"滤镜"→"模糊"→"高斯模糊"命令，半径设为 2 像素即可，如图 1-148 所示。然后将该图层复制留用。

将"图层"面板中的图层混合模式选为"柔光"，如图 1-149 和图 1-150 所示。

图 1-147

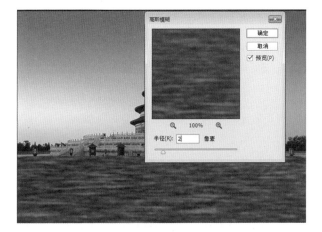

图 1-148

图 1-149

图 1-150

16 选择 "水波纹 拷贝"图层，按 Ctrl+I 快捷键反选，如图 1-151 所示。

17 将"水波纹 拷贝"图层的图层混合模式改为"叠加"， 如图 1-152 所示；不透明度更改为 35%，如图 1-153 所示。

图 1-151　　　　　　　　　　　　　　　　　　　　　　　　图 1-152

18 选择"水波纹 拷贝"图层，使用"移动工具"，将该图层微微向下移动，如图 1-154 所示。

图 1-153　　　　　　　　　　　　　　　　图 1-154

19 按 Ctrl+Shift+Alt+E 快捷键添加盖印图层，选择"渐变工具"，由建筑物底部向下方拉伸，不透明度设为 30%，如图 1-155 所示。

20 最终效果如图 1-156 所示。

图 1-155　　　　　　　　　　　　　　　图 1-156

案例十　给马克杯增加图案效果

应用：变换工具

本案例主要使用"变换工具"制作创意卡通马克杯效果。Photoshop 中可以实现缩放、旋转、斜切、透视、扭曲、变形等效果，为绘图者提供了极大的便利。本案例以扭曲和变形为例，制作添加图案效果。

01 使用 Photoshop CC 打开素材图片，如图 1-157 所示。

02 准备一张卡通人物图片（见图 1-158），将素材置入文档中，按 Ctrl+T 快捷键对图像进行缩放，使卡通图像与马克杯的尺寸比例相符，如图 1-159 所示。

图 1-157　　　　　　　　　图 1-158　　　　　　　　　图 1-159

03 将卡通人物图层的不透明度改为 80%，如图 1-160 所示；执行"编辑"→"变换"→"扭曲"命令，将图片四角的控制柄与杯子的上下边缘重合，如图 1-161 所示。

04 扭曲完成后，先不要退出编辑状态，继续执行"编辑"→"变换"→"变形"命令，将上、下、左、右四个方向上中间的控制柄分别向四周拖动，使卡通图片的边缘与马克杯边缘重合，如图 1-162 和图 1-163 所示。

05 此时卡通图案附在马克杯上，将卡通图层的模式改为"正片叠底"，如图 1-164。
使用"磁性套索工具"将马克杯的把手部分选出来，按 Delete 键删除，如图 1-165 所示。

图 1-160

图 1-161

图 1-162

图 1-163

图 1-164

图 1-165

06 使用"橡皮擦工具"对细节进行调整，效果如图 1-166 所示。使用同样的方法对其
他的马克杯进行制作，如图 1-167 所示。

图 1-166

图 1-167

案例十一　给照片中的模特增大眼睛

应用：框选工具

"规则选框工具"组中的工具是用来创建规则选区的，其中包括 4 个工具："矩形选框工具""椭圆选框工具""单行选框工具"和"单列选框工具"，用户可根据需要选择工具类型。本案例使用"椭圆选框工具"，对图像中人的眼睛进行自然放大。

01 执行"文件"→"打开"命令，将需要调整的图片置入文档中，如图 1-168 所示。

图 1-168

02 选择工具箱中的"椭圆选框工具"，将一只眼睛框选，如图 1-169 所示。

03 按 Ctrl+J 快捷键，将选区内的图形复制到新的图层中。按 Ctrl+T 快捷键，对选区进行变形，将上下距离微微加大，然后将眼睛调整到适宜的位置，使两眼之间的间距看起来自然即可，按 Enter 键确认，如图 1-170 所示。

04 使用上述方法将另一只眼睛也变大。使用"椭圆选框工具"将左侧眼睛框选，按 Ctrl+J 快捷键复制选区，如图 1-171 所示。

图 1-169　　　　　　　　图 1-170　　　　　　　　图 1-171

05 按 Ctrl+T 快捷键对选区进行变形，增加眼睛上下距离，并将眼睛调整到适宜位置，按 Enter 键确认，如图 1-172 所示。

06 最终效果图与原图对比，如图 1-173 和图 1-174 所示。

图 1-172   图 1-173   图 1-174

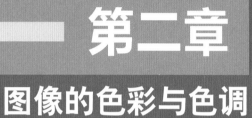

第二章

图像的色彩与色调

Photoshop CC 作为图形处理软件，最为突出的功能就是图像色彩处理，本章将对色彩调整功能及技法进行介绍。

扫二维码下载
本章素材文件

案例一　制作喷溅绘画效果人物海报

应用：阈值

"阈值"是将图像分为两种像素，即黑和白。"阈值"可将灰度或彩色图像转换为高对比度的黑白图像。也可指定某个色阶作为"阈值"，则所有比该色阶亮的像素都转化为白色，所有比该色阶暗的像素都转化为黑色。"阈值"对于确定图像的最亮和最暗区域非常有用。

01 打开软件，执行"文件"→"打开"命令，将已经准备好的素材置入画布中，如图2-1所示。

图 2-1

02 按 Ctrl+J 快捷键复制背景图层，并对"背景 拷贝"图层进行滤镜处理。执行"滤镜"→"风格化"→"等高线"命令，调整色阶值，如图 2-2 所示。

图 2-2

03 执行"图像"→"调整"→"去色"命令，将线稿变成黑白线稿，如图 2-3 所示。

图 2-3

04 执行"滤镜"→"滤镜库"→"素描"→"便条纸"命令，参数设置如图 2-4 所示。

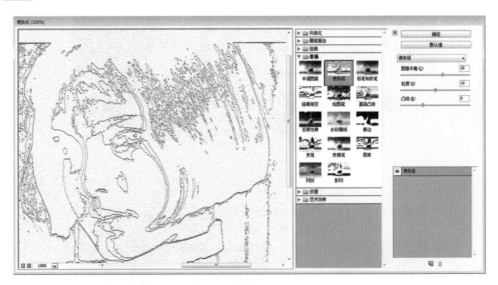

图 2-4

05 新建图层，执行"编辑"→"填充"命令，为新建图层填充颜色，并将该图层混合模式改为"正片叠底"，如图 2-5 所示。

06 复制"背景"图层，并置于最顶层，然后执行"图像"→"调整"→"阈值"命令，调整阈值色阶，使画面呈现版画效果即可，如图 2-6 所示。

图 2-5

图 2-6

07 将阈值处理的图层混合模式改为"正片叠底",不透明度改为 80%,如图 2-7 所示。

图 2-7

08 为"背景 拷贝"图层新建蒙版,选择"画笔工具",选择喷溅式笔刷,对图像进行处理,如图 2-8 所示。

图 2-8

09 在图中使用笔刷点缀颜色,丰富一下画面效果,如图 2-9 所示。

图 2-9

10 执行"图像"→"调整"→"色阶"命令,对画面进行微调,在图层中输入文本,将字体的混合模式设置为"斜面和浮雕",参数设置如图 2-10 所示。

11 最终效果,如图 2-11 所示。

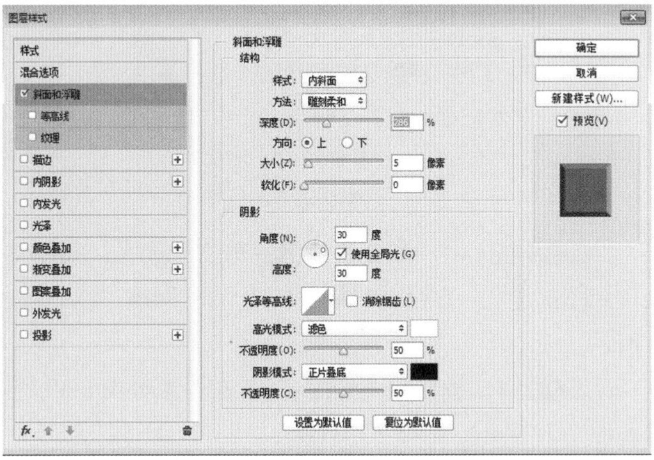

图 2-10

图 2-11

案例二　制作晚霞映照山谷的唯美照片

应用：曲线

掌握"曲线"调节功能对每一个从事图像相关工作的人来说都是十分重要的。"曲线"与"滤镜"不同，"曲线"只能对图像进行一些调整，无法凭空制作出什么样的效果。

01 打开准备好的山谷素材图，执行"图像"→"调整"→"可选颜色"命令，分别对黄、绿、青、白进行调整。参数如图 2-12 ～图 2-15 所示。

图 2-12

图 2-13

02 按 Ctrl+Alt+2 快捷键框选高光选区，如图 2-16 所示，再按 Ctrl+Shift+I 快捷键反选得到暗部选区，创建曲线调整图层，对 RGB、红、蓝通道分别进行调整，如图 2-17 和图 2-18 所示。

03 再创建曲线调整图层，参数设置如图 2-19 所示。按 Ctrl+Alt+G 快捷键创建剪贴蒙版，如图 2-20 所示。

图 2-14　　　　　　　　　　　　图 2-15

图 2-16

图 2-17

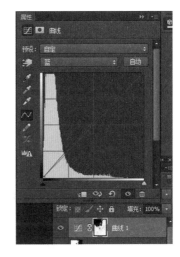

图 2-18

04 创建色彩平衡图层，给画面增加一点点蓝色，如图 2-21 和图 2-22 所示。然后按 Ctrl+Alt+G 快捷键创建剪贴蒙版。

05 创建亮度和对比度图层，增加亮度与对比度。选择图层蒙版缩览图，执行"编辑"→"填充"命令，填充黑色，然后使用柔边圆画笔工具，将选区部分的区域涂亮，如图 2-23 所示。

06 在原背景图层按 Ctrl+J 快捷键复制该图层，并将它置于最顶层，打开"通道"面板，如图 2-24 和图 2-25 所示，选择绿色通道，执行"图像"→"调整"→"曲线"命令，加强明暗对比度，如图 2-26 所示。

图 2-19

图 2-20

图 2-21

图 2-22

图 2-23

图 2-24

图 2-25

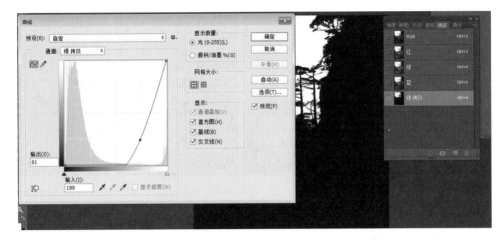

图 2-26

07 按住 Ctrl 键不放，单击绿色拷贝通道图层载入选区，如图 2-27 所示。

08 回到"图层"面板，新建一个图层，并给图层填充橙黄色。完成后，将橙黄色图层的不透明度改为 50%。然后将"素材 拷贝"图层隐藏，如图 2-28 所示。

图 2-27

图 2-28

09 将准备好的天空图片直接拖曳到画布中，右击，选择"创建剪贴蒙版"命令，如图 2-29 所示。

10 将天空图层复制一层，并用柔边圆画笔工具将天空左上角微微涂暗，建立"色相 / 饱和度"图层，参数设置如图 2-30 和图 2-31 所示。

11 创建"曲线调整"图层，参数设置如图 2-32 ～图 2-34 所示。完成设置后，增加剪贴蒙版。

12 新建图层，使用"套索工具"，羽化值设为 50 像素，在套索工具内填充橙黄色，将图层混合模式改为"叠加"。再复制该图层，将图层混合模式更改为"滤色"，如图 2-35 所示。

图 2-29　　　　　　　　　　图 2-30　　　　　　　　图 2-31

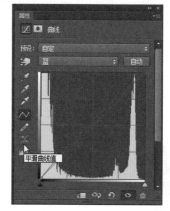

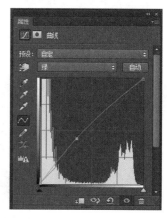

图 2-32　　　　　　　　　图 2-33　　　　　　　　图 2-34

图 2-35

　　13 使用"椭圆工具"，羽化值设为 40，在图中合适的位置画一个椭圆，填充同上的橙黄色，图层混合模式更改为"滤色"，如图 2-36 所示。

　　14 选择"背景"图层，使用"加深工具"将图片的四周加深，增强明暗对比，最终效果如图 2-37 所示。

图 2-36　　　　　　　　　　　　　　　　　图 2-37

案例三　制作海市蜃楼图片

应用：色彩平衡

　　"色彩平衡"是 Photoshop 中十分重要的功能。通过对图像的色彩进行处理，可以调整图像的饱和度，矫正图像的色偏，也可根据需要调整图像的色彩以满足画面效果。色彩平衡通过控制各个单色来平衡图像的色彩。

01 执行"文件"→"打开"命令，将准备好的素材图片置入文档，如图 2-38 所示。

图 2-38

02 创建"渐变"图层，然后调整该图层的渐变颜色，如图 2-39 和图 2-40 所示。

图 2-39

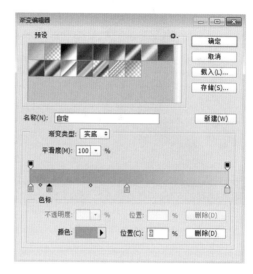

图 2-40

03 将渐变图层的混合模式更改为"柔光",如图 2-41 所示,效果如图 2-42 所示。

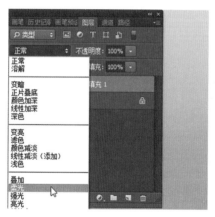

图 2-41

图 2-42

04 按 Ctrl+J 快捷键,复制渐变图层一层,并将复制图层的混合模式更改为"滤色",如图 2-43 所示。

05 新建"色彩平衡 1"图层,如图 2-44 所示,具体参数设置如图 2-45 所示。

06 为了增加图像的深度,新建"通道混合器"调整图层,参数设置如图 2-46 所示。

图 2-43

图 2-44   图 2-45   图 2-46

07 新建曲线调整图层和色阶调整图层，具体参数设置如图 2-47 和图 2-48 所示，此时的效果如图 2-49 所示。

图 2-47   图 2-48

图 2-49

08 使用"移动工具"将建筑素材图片直接拖入该文档，按 Ctrl+T 快捷键调整拖入的建筑素材图片大小，如图 2-50 所示。

图 2-50

09 将图层混合模式更改为"正片叠底",使用"橡皮擦工具",将硬度调整为 0,然后把建筑底部擦去即可,如图 2-51 所示。

图 2-51

10 按 Ctrl+J 快捷键复制建筑物图层,执行"滤镜"→"模糊"→"高斯模糊"命令,将半径设为 8 像素,如图 2-52 所示。

11 将该复制图层的混合模式设置为"滤色",如图 2-53 所示,此时整个建筑物变得朦胧很多,增加了空间感。

12 按 Shift+Ctrl+N 快捷键新建图层,使用"套索工具",将羽化值设为 40,然后圈出山谷的位置,执行"滤镜"→"渲染"→"云彩"命令,如图 2-54 所示。

图 2-52

图 2-53

图 2-54

13 将该图层模式更改为"叠加",如图 2-55 所示。然后复制云彩图层,执行"图像"→"调整"→"色阶"命令,调整各参数,如图 2-56 所示。

14 将图层模式更改为"颜色减淡", 如图 2-57 所示,然后多复制几个该图层,制作更多的薄雾效果,如图 2-58 所示。

图 2-55

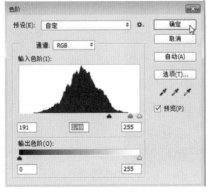

图 2-56

图 2-57

15 调整一下图片的对比度，最终效果如图 2-59 所示。

图 2-58   图 2-59

案例四　制作复古色彩图片

应用：色彩平衡、曲线、色相 / 饱和度、亮度 / 对比度

　　"亮度 / 对比度"命令可以用来对亮度和对比度进行直接的调整。但是使用此命令调整图像颜色时，将对图像中所有的像素进行相同程度的调整，容易导致图像细节的损失，所以在使用此命令时要防止过度调整图像。

01 打开素材原图，如图 2-60 所示。为了不破坏原图，按 Ctrl+J 快捷键复制"背景"图层，如图 2-61 所示。

图 2-60   图 2-61

02 执行"滤镜"→"模糊"→"动感模糊"命令,角度设为45,距离设为250,参数设置如图2-62所示,效果如图2-63所示。

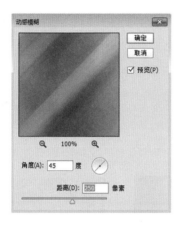

图 2-62   图 2-63

03 按Shift+Ctrl+Alt+E快捷键添加一个盖印图层,然后对新图层执行"图像"→"调整"→"曲线"命令,接着将图片的对比度增强,如图2-64和图2-65所示。

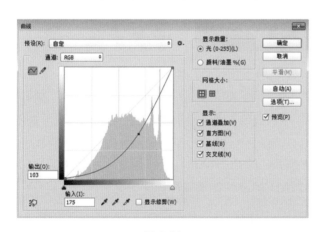

图 2-64   图 2-65

04 执行"图像"→"调整"→"色相/饱和度"命令,色相设为-35,饱和度设为80,如图2-66所示。然后执行"图像"→"调整"→"亮度/对比度"命令,将对比度设为45,增强图像的对比度,如图2-67所示,效果如图2-68所示。

05 选择"背景"图层,按Ctrl+Shift+]快捷键,将选中的图层置于最顶层,然后将图层的混合模式改为"滤色",如图2-69所示。接着增加图层蒙版,并使用黑色柔性画笔将人物擦出来,如图2-70所示。

06 按Shift+Ctrl+N快捷键新建一个图层,执行"滤镜"→"渲染"→"云彩"命令,得到云彩效果,按Ctrl+Alt+F快捷键将云彩效果增强,如图2-71所示。

图 2-66　　　　　　　　　　图 2-67　　　　　　　　　图 2-68

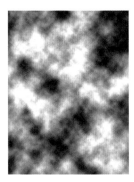

图 2-69　　　　　　　　　　图 2-70　　　　　　　　　图 2-71

07 将云彩图层的混合模式改为"叠加"，按 Shift+Ctrl+Alt+E 快捷键添加一个盖印图层，如图 2-72 所示。执行"图像"→"调整"→"曲线"命令，并调整红色部分的明暗，如图 2-73 所示，调整效果如图 2-74 所示。

08 复制"背景"图层，如图 2-75 所示，按 Ctrl+Shift+] 快捷键将该图层置顶，使用"钢笔工具"将人物轮廓勾出，并建立选区，按 Ctrl+J 快捷键复制选区，得到新的图层。

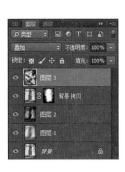

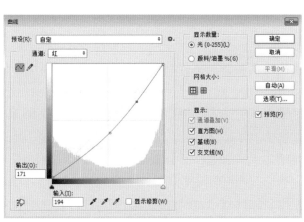

图 2-72　　　　　　　　　　　　　　图 2-73

图 2-74　　　　　　　　　　　图 2-75

09 执行"图像调整"→"曲线"命令，如图 2-76 所示，将画面提亮。

10 此时效果如图 2-77 所示。

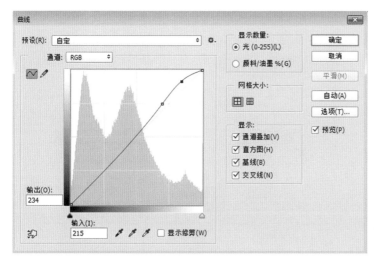

图 2-76

图 2-77

11 按 Shift+Ctrl+Alt+E 快捷键添加一个盖印图层，执行"图像"→"调整"→"亮度/对比度"命令，增强图层的对比度，如图 2-78 所示。

12 选择盖印图层，执行"滤镜"→"模糊"→"高斯模糊"命令，如图 2-79 所示，将半径设为 5；完成后将图层混合模式改为"柔光"，如图 2-80 所示。

13 最终效果如图 2-81 所示。

图 2-78

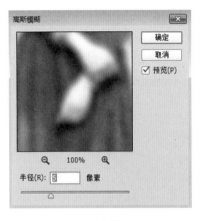

图 2-79　　　　　　　　　　图 2-80　　　　　　　　　　图 2-81

案例五　调出唯美黄灰色调人物图片

应用：可选颜色、色彩平衡

01 打开人物图片，如图 2-82 所示，使用滤镜调整图层的色调，对人物进行补色处理，如图 2-83 所示。

图 2-82　　　　　　　　　　　　　　　　图 2-83

02 创建曲线调整图层，选择蓝色通道，对暗部与亮部进行调整，如图 2-84 所示。

03 按 Shift+Ctrl+Alt+E 快捷键添加一个盖印图层，回到蓝色通道，如图 2-85 和图 2-86 所示。然后按 Ctrl+A 快捷键进行全选，按 Ctrl+C 快捷键进行复制，再返回"图层"面板，按 Ctrl+V 快捷键进行粘贴，并将图层的不透明度设为 40%，如图 2-87 所示。

04 新建可选颜色调整图层：中性色中，将黄色设为 5%，黑色设为 -15%，如图 2-88 所示；黑色中，将青色设为 15%，如图 2-89 所示；红色中，将青色设为 -100%，如图 2-90 所示。

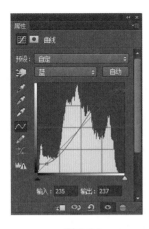

图 2-84

图 2-85

图 2-86

图 2-87

图 2-88

图 2-89

05 按 Shift+Ctrl+N 快捷键新建图层，然后填充褐色，将图层的混合模式改为"色相"，不透明度改为 60%，如图 2-91 所示。

图 2-90

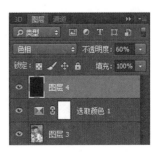

图 2-91

06 创建可选颜色调整图层：红色中，青色设为 –60%，洋红设为 –35%，黄色设为 30%，如图 2-92 所示；中性色中，黄色设为 –5%，黑色设为 5%，如图 2-93 所示。

图 2-92   图 2-93

07 新建图层，使用"渐变工具"，将颜色设为由前景色到透明色渐变，方向为由右至左，如图 2-94 所示，效果如图 2-95 所示。

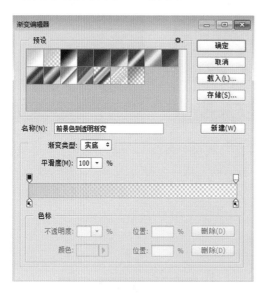

图 2-94   图 2-95

08 新建色彩平衡调整图层：中间调中，青色、洋红、黄色分别为 50、57、30，如图 2-96 所示；高光中，青色、洋红、黄色分别为 0、0、–15，如图 2-97 所示。

09 新建图层，并填充褐色，使用"椭圆选框工具"，羽化值设为 40，在画面中绘制一个椭圆，如图 2-98 所示。然后按 Delete 快捷键删除所选区域，如图 2-99 所示。

10 此时效果如图 2-100 所示。

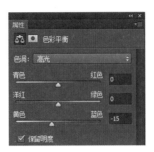

图 2-96   图 2-97

图 2-98   图 2-99   图 2-100

⓫ 盖印图层，执行"滤镜"→"锐化"→"USM 锐化"命令，将数量设为 15%，进行锐化处理，如图 2-101 所示。

⓬ 增加曲线调整图层，将图像微微调亮，如图 2-102 所示。

⓭ 最终完成效果如图 2-103 所示。

图 2-101   图 2-102   图 2-103

案例六　用 PS 给人换衣服

应用：颜色替换工具

"颜色替换工具"是一个对图像中特定颜色进行替换的工具。该工具常用来矫正图像中的部分颜色。调色时，用"颜色替换工具"吸取主色，然后替换成想要的颜色即可。

01 打开软件，使用"移动工具"，将素材图片直接拖入画布中。按 Ctrl+J 快捷键复制"背景"图层，然后在该图层上进行操作，如图 2-104 所示。

02 使用"磁性套索工具"（见图 2-105），将衬衫用套索工具框选下来。因为图片的轮廓比较清晰分明，所以使用"磁性套索工具"最为合适。按 Ctrl+J 快捷键复制衬衫图层，如图 2-106 所示。

图 2-104

图 2-105

图 2-106

03 执行"图像"→"调整"→"亮度 / 对比度"命令，对衬衫明暗度进行调整，如图 2-107 所示。此时可以看到，衬衫的边缘不整齐，使用"涂抹工具"和"仿制图章工具"对衬衫图片进行调整。

图 2-107

04 执行"图像"→"调整"→"色相/饱和度"命令，改变衬衣颜色，如图 2-108 所示。

图 2-108

05 还可以使用"颜色替换工具"改变衬衫的颜色，具体参数设置可以参考图 2-109。

图 2-109

06 通过更改图层混合模式，可以实现多种效果，图 2-110 ~ 图 2-112 依次是"正片叠底""颜色减淡""差值"效果。当选择"正片叠底"时，颜色会加深；当选择"颜色减淡"时，衬衣会变成浅白色；当选择"差值"时，颜色会变得很深。

图 2-110

图 2-111

图 2-112

案例七　制作工笔古装效果图片

应用：曲线、色相/饱和度、Camera Raw 滤镜

工笔风格效果图片的制作重点是意境，尤其是人物部分，只需进行一些润色处理和少许修饰，最后加入工笔画背景，效果即可出来。

01 导入素材原图，对人物进行整体加灰，降低曝光度与对比度，执行"滤镜"→"Camera 滤镜"命令，分别对"基本""色调曲线""分离色调""HSL/灰度"几个参数面板进行调整。"基本"参数面板的设置，如图 2-113 所示，曝光为 -0.65，高光为 -63，阴影为 36，白色为 16，黑色为 -16。"色调曲线"参数面板的设置如图 2-114 所示，高光、亮调、暗调依次为 -28、-10、-13。"分离色调"参数面板的设置如图 2-115 所示，色相为 72，饱和度为 4。"HSL/灰度"参数面板的"色相"选项卡设置如图 2-116 所示，黄色为 -22，绿色为 -30；"饱和度"选项卡设置如图 2-117 所示，黄色为 -32，绿色为 -1；"明亮度"选项卡设置如图 2-118 所示，橙色为 -22，黄色为 -29。

02 调整后的图像如图 2-119 所示。

03 为了符合工笔画中古装人物形象，还需对头发进行修饰，如图 2-120 所示，使用"套索工具"将发际区域框选，按 Ctrl+T 快捷键进行调整，使两边头发看起来对称；使用"仿制图章工具"对细节进行修饰，并去除散乱的发丝，如图 2-121 所示。

图 2-113

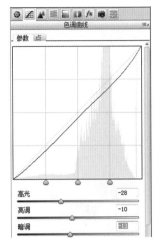

图 2-114

图 2-115

图 2-116

图 2-117

图 2-118

图 2-119

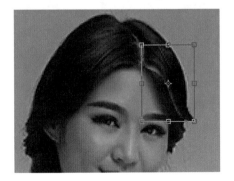

图 2-120

图 2-121

04 按 Shift+Ctrl+N 快捷键新建图层，如图 2-122 所示，使用橘红色"柔性画笔工具"对人物的嘴唇进行涂抹，增加嘴唇的色泽，再使用"加深工具"，笔刷稍大一些，对人脸的侧面部分进行加深，增加立体感，并将图层混合模式改为"正片叠底"，如图 2-123 所示。

图 2-122　　　　　　　　　　　图 2-123

05 增加调整图层，对图像进行润色处理，如图 2-124 ～图 2-127 所示。增加色相/饱和度图层，全图中，饱和度设为 -40；黄色中，色相为 1，饱和度为 26，明度为 1。增加曲线调整图层，RGB 中，增加整体亮度。再次增加色相/饱和度图层，色相为 3。

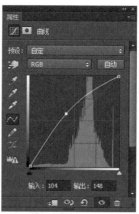

图 2-124　　　　图 2-125　　　　图 2-126　　　　图 2-127

06 增加渐变映射调整图层，颜色由黑到白，不透明度设为 10%，如图 2-128 所示。

07 增加色阶调整图层，将白色部分调整为 231，如图 2-129 所示。

08 此时图像效果如图 2-130 所示。

09 选择人物图层，使用"磁性套索工具"将人抠出来，执行"选择"→"修改"→"反选"命令，按 Delete 键删除背景，如图 2-131 所示。

图 2-128　　　　　　　　　图 2-129

图 2-130　　　　　　　　　图 2-131

10 准备一两张工笔背景图片，并置入文档中，如图 2-132 所示。将上边图片的混合模式改为"正片叠底"，如图 2-133 所示。

图 2-132　　　　　　　　　图 2-133

11 增加色彩平衡调整图层，色阶分别设为 -7、-8、-23，如图 2-134 所示。

12 最终效果如图 2-135 所示。

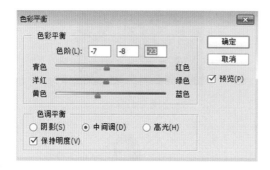

图 2-134   图 2-135

案例八 制作漂亮雪景图片

应用：通道混合器

"通道混合器"是用来调整色彩的工具，该工具可以调整某一个通道中的颜色。选定某一幅图像，以图像中任意通道组合作为输入，通过加减调整，重新匹配通道并输出图像。

01 打开素材图像，如图 2-136 所示。

图 2-136

02 新建通道混合器图层，只调整红色通道中的参数，可参照图 2-137，也可根据实际情况调整。

图 2-137

03 新建一个黑白图层，将混合模式更改为"滤色"。将红色调整为 230，黄色调整为 87，青色调整为 –200，蓝色调整为 –200，如图 2-138 所示。

图 2-138

04 新建色相／饱和度调整图层，将饱和度降低，并把该图层置于最上层，如图 2-139 所示。

05 新建曲线调整图层，分别对 RGB、绿、蓝进行微调，如图 2-140 所示。

06 最终效果如图 2-141 所示。

图 2-139

图 2-140

图 2-141

案例九　调出动漫风格的景色照片

应用：渐变映射

　　"渐变映射"非常简单，但又不同寻常。它与"渐变填充"是完全不同的概念。"渐变映射"就是将原始图像的灰度细节部分调整为指定渐变填充色。渐变条的最左边，可以映射最暗的灰度；渐变条的最右边，可以映射最亮的灰度；渐变条的中间色，可以影射中间色调。

　　01 使用 Photoshop 打开素材图片，如图 2-142 所示。

　　02 执行"滤镜"→"Camera Raw 滤镜"命令，打开参数面板，将阴影值调高，增加暗部细节，如图 2-143 所示。

图 2-142

图 2-143

03 创建色相/饱和度调整图层，将蓝色与红色的饱和度调高，增加画面鲜艳度，如图 2-144 和图 2-145 所示。

04 执行"图层"→"新建图层"命令，将该新建图层的混合模式改为"滤色"，如图 2-146 所示。

05 选择"渐变工具"，渐变样式选择第二个"前景色到透明渐变"，如图 2-147 所示。

图 2-144　　　　　　　　　　　　　　　　图 2-145

图 2-146　　　　　　　　　　　　　图 2-147

06 动漫效果的图片色彩一般都鲜艳明媚，如图 2-148 所示。需要在空间中依次增加蓝、橙、粉红等颜色。首先在天空部分加蓝色，如图 2-149 所示。

图 2-148　　　　　　　　　　　　　图 2-149

07 使用"渐变工具"在樱花部分拖曳出粉红至透明渐变的效果，用同样的方法增加橙色，如图 2-150 所示。

08 新建图层，对图片进行局部调整。选择"减淡工具"，使用柔性笔刷在樱花部分涂抹，如图 2-151 所示。

图 2-150   图 2-151

09 选择"画笔工具"，在画面中画一些白点，当作樱花飘落的花瓣，这样看起来更加唯美梦幻，如图 2-152 所示。

图 2-152

10 执行"图像"→"调整"→"曲线"命令，调整图像的层次感，如图 2-153 和图 2-154 所示。

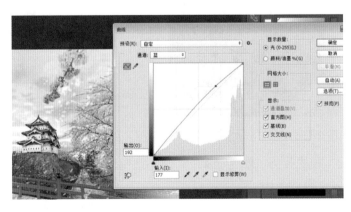

图 2-153

11 最终的动漫效果风景图如图 2-155 所示。

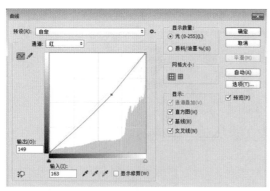

图 2-154

图 2-155

案例十　合成室外写真装饰风格照片

应用：阴影 / 高光、色相 / 饱和度

利用 Photoshop 的"阴影 / 高光"功能可以轻松改善图像的对比度，同时保持了照片的整体平衡，使图像效果也更加完美。

01 打开需要处理的素材图片，如图 2-156 所示，按 Ctrl+J 快捷键复制图层，然后执行"图像"→"调整"→"色相 / 饱和度"命令，将色相设为 2，饱和度设为 −22，如图 2-157 所示，使画面的色彩更加浓郁。

图 2-156

图 2-157

02 将图层混合模式改为"颜色加深"，将不透明度改为 30%，如图 2-158 所示。这样使画面效果更加自然。

03 准备一张背景图片，如图 2-159 所示，将图层混合模式设为"叠加"，适当降低不透明度，使画面更加富有层次。

图 2-158　　　　　　　　　　　图 2-159

04 给背景花卉图层增加图层蒙版，使用黑色"柔性画笔工具"将人物所在部分擦去，如图 2-160 所示，擦除范围视效果而定。

05 在人物图层下方新建图层，执行"编辑"→"填充"命令，填充颜色设为 #040e2e，如图 2-161 所示。将图层混合模式改为"颜色减淡"，使画面呈现冷色调效果，如图 2-162 所示。

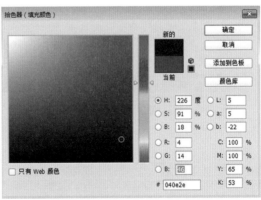

图 2-160　　　　　　　　　　　图 2-161

06 在人物图层上方新建图层，并填充黑色，将图层的混合模式改为"叠加"。增加图层蒙版，使用"黑色柔性画笔工具"在图像露出来部分的边缘位置涂抹，形成暗边效果，如图 2-163 所示。

07 按 Shift+Ctrl+Alt+E 快捷键添加盖印图层，执行"图像"→"调整"→"亮度/对比度"命令，提高图像的对比度，亮度设为 30，如图 2-164 所示。

08 最终效果如图 2-165 所示。

图 2-162

图 2-163

图 2-164

图 2-165

第三章

路径的应用和文字的编辑

学习提示

　　"路径"是 Photoshop　CC 中重要的工具，是使用贝塞尔曲线所构成的一段或开放或闭合的光滑曲线，主要用于光滑图像区域选择以及辅助抠图，使设计师在计算机上绘制图形时如同使用常规绘图工具一样得心应手，体现了强大的可编辑性。

扫二维码下载
本章素材文件

案例一　制作光效字体

应用：描边路径

"描边路径"操作非常简单，不过利用它做出来的效果是千变万化的。本案例通过对路径进行描边，使路径有了发光的效果。

---

01 执行"文件"→"新建"命令，新建一个大小为 1000 像素 × 550 像素，分辨率为 72 像素 / 英寸的文档，并执行"编辑"→"填充"命令，给文档填充暗紫色，如图 3-1 所示。

图 3-1

02 新建一个组，进入"路径"面板，然后单击"新建"图标按钮新建一个路径层，选择"钢笔工具"在画布中写下一个 2，如图 3-2 ～图 3-4 所示。

图 3-2

图 3-3

图 3-4

03 回到"图层"面板，选择"画笔工具"，将"不透明度"和"流量"都设为 100%。按 F5 键，打开"画笔"面板，选择 66 号画笔，分别对"画笔笔尖形状""形状动态""散布"进行参数设置，具体参数如图 3-5 ～图 3-7 所示。

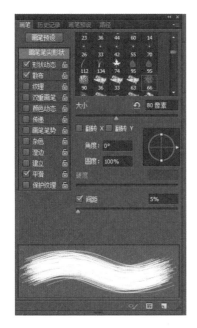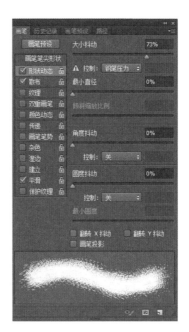

图 3-5　　　　　　　　　　　图 3-6

04 将前景色设置为白色，把画笔的像素调整为 30 像素，选择"钢笔工具"，在 2 的路径上右击并在快捷菜单中选择"描边路径"命令，然后单击"确定"按钮，最后按 Enter 键删除路径，如图 3-8 所示。

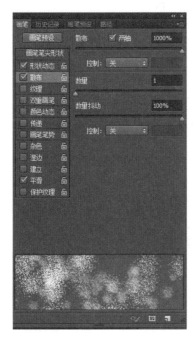

图 3-7　　　　　　　　　　　图 3-8

05 按 Shift+Ctrl+N 快捷键新建图层，使用上述方法，依次制作 0、1、7 三个数字的颗粒效果，做完之后全选几个数字图层，如图 3-9 所示，单击鼠标右键，在弹出的快捷菜单中选择"合并图层"命令。

图 3-9

06 再次新建一个组，在组里新建图层，使用该图层制作光束效果。使用"钢笔工具"，画出数字路径，然后选择"画笔工具"，按 F5 键打开"画笔"面板，依次设置"画笔笔尖形状""形状动态""散布"，最后选中"平滑"复选框即可。具体参数设置如图 3-10 ～图 3-12 所示。

07 将"画笔工具"调整为 5 像素，选择"钢笔工具"，在路径上右击并在弹出的快捷菜单中选择"描边路径 - 画笔"命令，确认完成后按 Enter 键删除路径，如图 3-13 所示。

08 按 Shift+Ctrl+N 快捷键新建图层，使用"钢笔工具"，画出几个不同的路径，然后右击并在弹出的快捷菜单中选择"描边路径"命令，对路径进行描边绘制光束，如图 3-14 所示。

09 选择 2 的光束效果层，增加图层样式。依次设置"投影""外发光""内发光""渐变叠加"，具体参数设置如图 3-15 ～图 3-18 所示。

图 3-10

图 3-11

图 3-12

图 3-13 图 3-14

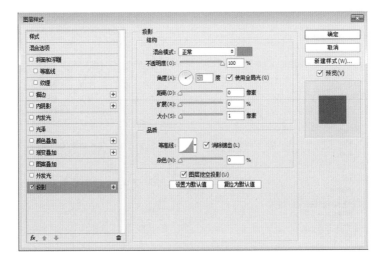

图 3-15

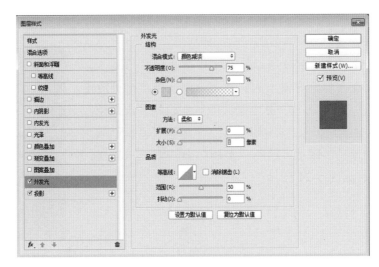

图 3-16

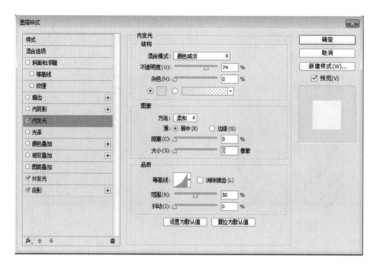

图 3-17

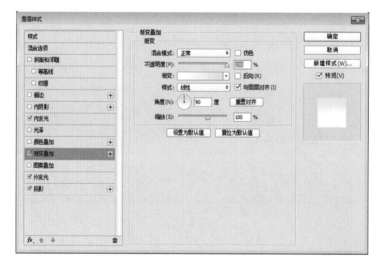

图 3-18

10 此时的效果如图 3-19 所示。

11 右击所在图层，在弹出的快捷菜单中选择"拷贝图层样式"命令，使用"钢笔工具"如上给其他数字绘制多条路径，可发现特殊效果已经附上，如图 3-20 所示。

12 选择"背景"图层，执行"编辑"→"填充"命令，给背景填充黑色，如图 3-21 所示。

图 3-19

图 3-20   图 3-21

案例二　制作美丽星光字特效

应用：文字路径

　　星光特效文字看起来操作复杂，但是实际上并不难，主要是用"钢笔工具"勾出路径或把文字转化为路径，再用画笔描边路径，后期对星光进行加强即可。

01 打开软件，执行"文件"→"新建"命令，新建一个 1200 像素 ×800 像素的文档，如图 3-22 所示。

图 3-22

02 执行"编辑"→"填充"命令，给画面填充颜色，如图 3-23 所示。使用"文字工具"，选择任意字体并输入文字，如图 3-24 所示。

图 3-23

图 3-24

03 按 Shift+Ctrl+N 快捷键新建图层，然后在该图层上对字体进行描边。右击字体图层，在弹出的快捷菜单中选择"创建工作路径"命令，然后单击字体图层前的眼睛图标，隐藏该图层。

04 选择"画笔工具"，打开"画笔"面板，各参数设置如图 3-25 ~ 图 3-27 所示。

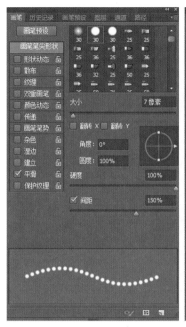

图 3-25

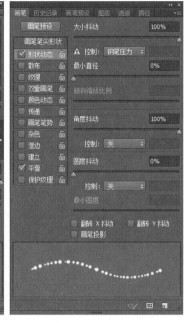

图 3-26

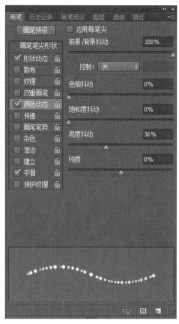

图 3-27

05 调整一下前景色与背景色，选中描边图层，打开"路径"面板，右击并在弹出的快捷菜单中选择"描边路径"命令，如图 3-28 所示。

06 复制"描边"图层，将原来描边图层的混合模式设置为"点光"，如图 3-29 所示。

07 执行"滤镜"→"模糊"→"高斯模糊"命令，将半径设为 3 像素，如图 3-30 所示。

图 3-28

图 3-29

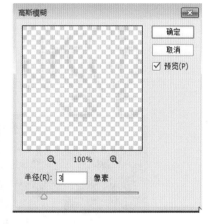

图 3-30

08 选择"描边 拷贝"图层，对其混合图层样式进行设置，参数如图 3-31 和图 3-32 所示。

09 此时的效果如图 3-33 所示。

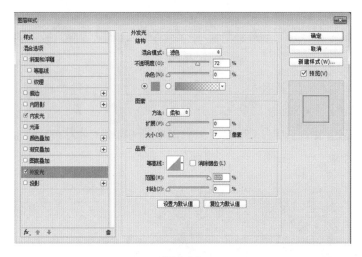

图 3-31

图 3-32

图 3-33

10 再次选择"画笔工具",打开"画笔"面板,对画笔进行设置,如图3-34～图3-37所示。

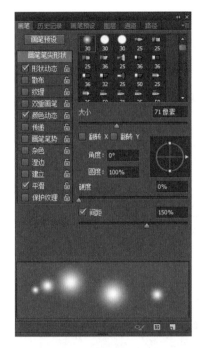

图 3-34

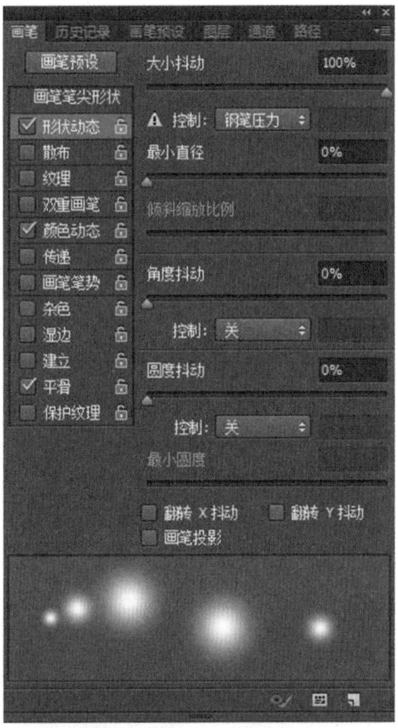

图 3-35

图 3-36

图 3-37

11 选择"椭圆工具",按 Shift+Ctrl+N 快捷键新建图层,用来制作文字背景,如图 3-38 所示。右击路径,选择"创作工作路径"命令,在"路径"面板中,右击"工作路径"图层,在弹出的快捷菜单中选择"描边路径"命令。最后调整一下细节,最终效果如图 3-39 所示。

图 3-38

图 3-39

案例三 制作炫酷风吹特效文字

应用:文字工具、滤镜

如果能进一步把"风"滤镜应用到特殊的文字或者图形上,会有意想不到的效果。本案例将"风"滤镜应用到自制线条字体上,后期再增加一些发光样式。

01 新建文档,大小为 800 像素 × 800 像素,分辨率为 72 像素 / 英寸,如图 3-40 所示,然后按 Ctrl+Shift+N 快捷键新建图层,并执行"编辑"→"填充"命令,填充黑色,如图 3-41 所示。

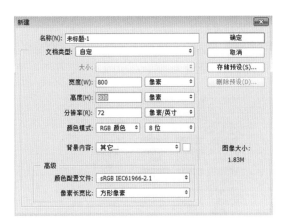

图 3-40　　　　　　　　　　　　　　　　图 3-41

02　双击"背景"图层,单击"确定"按钮,将"背景"图层转化为普通图层。然后双击该图层,弹出混合模式的选项板,增加"渐变叠加"图层样式,渐变颜色如图 3-42 ～图 3-44所示,参数设置如图 3-45 所示,样式设为"线性",选中"反向"复选框,缩放设为 100,其余选项保留默认设置即可。

图 3-42　　　　　　　　　　　　　　　　图 3-43

图 3-44　　　　　　　　　　　　　　　　图 3-45

03 此时得到一个渐变的背景，如图 3-46 所示。

04 新建图层，按 Shift+Ctrl+E 快捷键合并可见图层，执行"滤镜"→"滤镜库"→"画笔描边"→"喷色描边"命令，将长度设为 17，半径设为 24，描边方向设为"垂直"，如图 3-47 所示。

图 3-46　　　　　　　　　　　　　　　　　图 3-47

05 使用"文字工具"输入文字，颜色设为白色，如图 3-48 所示，然后将该文字放置到适宜位置。新建一个图层，并使用"钢笔工具"画出折线造型，如图 3-49 所示。

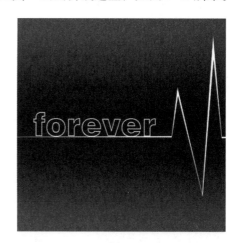

图 3-48　　　　　　　　　　　　　　　　　图 3-49

06 选择字体图层，右击并选择"栅格化文字"命令，按住 Ctrl 键不放，将折线图层一并选中，按 Ctrl+E 快捷键将两个图层合并，使用"橡皮擦工具"将文字与折线交接的地方删除，如图 3-50 所示。

07 执行"编辑"→"变换"→"逆时针旋转 90 度"命令，效果如图 3-51 所示。

08 执行"滤镜"→"风格化"→"风"命令，如图 3-52 所示，在弹出的对话框中将方法设为"风",方向设为"从右"。

09 按 Ctrl+F 快捷键将风效果重复一次,以加强风的效果,如图 3-53 所示。

图 3-50

图 3-51

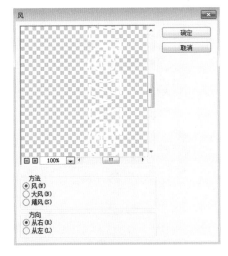

图 3-52

图 3-53

10 执行"滤镜"→"风格化"→"风"命令,在弹出的对话框中将方法设为"风",方向设为"从左",如图 3-54 所示。

11 按 Ctrl+F 快捷键将风效果重复一次,加强风的效果,如图 3-55 所示,有了双向效果。

12 执行"编辑"→"变换"→"顺时针旋转 90 度"命令,将文字转回原本的方向,然后双击文字图层,给图层增加"外发光"和"颜色叠加"图层样式。"外发光"的设置如图 3-56 和图 3-57 所示。其中,不透明度设为 60%,颜色设为紫色到透明渐变,大小设为 7 像素,其余值默认即可。"颜色叠加"的设置如图 3-58 和图 3-59 所示。其中,颜色设为浅粉色,其余设置默认即可。

13 最终效果如图 3-60 所示。

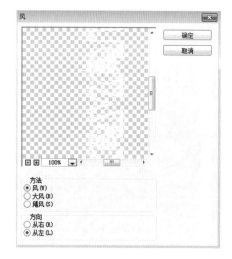

图 3-54

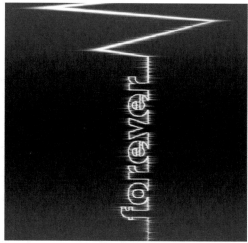

图 3-55

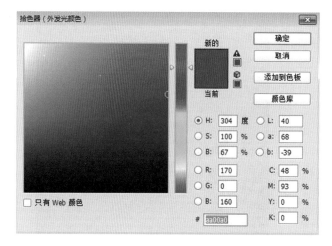

图 3-56

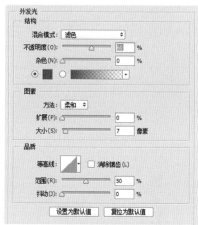

图 3-57

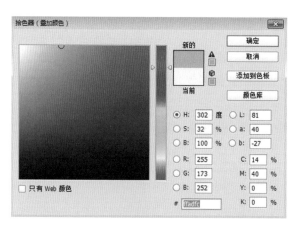

图 3-58

图 3-59   图 3-60

案例四　制作沿路径排列文字效果

应用：横排文字工具蒙版、钢笔工具

　　路径文字的制作方法就是首先画出文字排列的路径，然后使用"横排文字工具蒙版"使文字按照路径的走向排列，最后为了增加效果，对文字进行图层设置。

　　01　将准备的人物图像置入文档中，如图 3-61 所示，这里使用了一张曲线优美的舞者图片。

　　02　按 Shift+Ctrl+N 快捷键新建一个图层，考虑好曲线动向，使用"钢笔工具"围绕着人的身体绘制一条螺旋曲线，如图 3-62 所示。

图 3-61   图 3-62

03 选择"文字工具"→"横排文字工具蒙版",在路径的端点处输入大小适宜的文字,如图 3-63 所示。

04 将文字的颜色改为深色,如图 3-64 所示,然后右击文字图层,选择"栅格化图层"命令,将文字图层更改为普通图层,使用"橡皮擦工具"将图像中人体应该被遮挡的部分擦除,如图 3-65 所示,营造文字绕人旋转的效果。

| 图 3-63 | 图 3-64 | 图 3-65 |

05 为了增强效果,将文字图层的图层混合模式设为"渐变叠加",如图 3-66 所示,其他选项保留默认设置即可。

06 最终效果如图 3-67 所示。

图 3-66

图 3-67

案例五　制作树叶形态的艺术字

应用：文字路径

看似复杂的树叶形态的艺术字其实制作思路非常简单，方法是先设置好想要的纹理路径，再使用"自定义画笔预设"，设置好参数后，使用文字路径描边就可以得到艺术文字，后期再加上一些特效即可。

---

01 执行"文件"→"新建"命令，建立一幅尺寸为1200像素×850像素的图像，如图3-68所示。

02 将素材图片置入画布中，如图3-69所示，调整好位置，在"图层"面板中将图层样式设置为"颜色叠加"，将"混合模式"设为"正片叠底"，如图3-70所示。

图 3-68

图 3-69

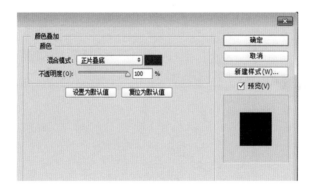

图 3-70

03 执行"文件"→"新建"命令，建立一个500像素×500像素的文档。如图3-71所示，选择"画笔工具"，按F5键调出"画笔预设"面板，选择叶子笔刷，大小设为"433像素"，如图3-72所示。

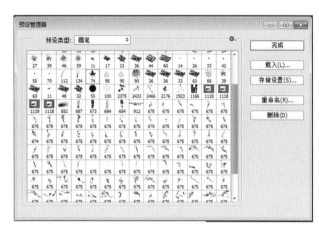

图 3-71   图 3-72

04 按 Shift+Ctrl+N 快捷键新建图层，并在图层中使用叶子笔刷画一片叶子，如图 3-73 所示。

05 增加图层样式，选择"渐变叠加"，角度设为 90 度，缩放设为 130%，具体参数如图 3-74 所示。

图 3-73   图 3-74

06 右击图案，在"画笔"面板中右击右上角的图标，在弹出的快捷菜单中选择"存储画笔"命令，将叶子保存为笔刷，如图 3-75 所示。

07 回到第一个文档中，在文档中输入白色文本，如图 3-76 所示。

图 3-75

图 3-76

08 按 Shift+Ctrl+N 快捷键，新建"树叶"图层，按 Ctrl+J 快捷键两次复制得到"树叶 拷贝"图层和"树叶 拷贝 2"图层，如图 3-77 所示。

09 选择文字图层，右击并选择"创建工作路径"命令，选择"画笔工具"，按 F5 键，打开"画笔预设"面板，分别设置"画笔笔尖形状""形状动态""散布""颜色动态"，具体参数设置如图 3-78 ～图 3-81 所示。

图 3-77

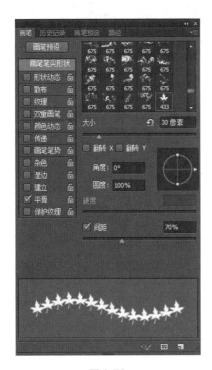

图 3-78

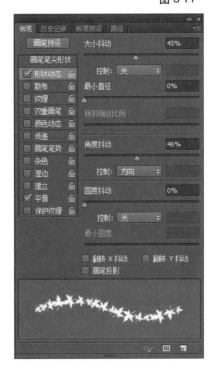

图 3-79

图 3-80   图 3-81

10 将前景色设为橘色，背景色设为黄色，选择"树叶 拷贝"图层，使用"直接选择工具"并右击路径，选择"描边路径"命令。为了增加效果，在"树叶 拷贝 2"图层中重复执行"描边路径"命令，如图 3-82 所示。

11 选择"树叶"图层，增加描边效果。选择"树叶 拷贝 2"图层，增加图层样式来加

图 3-82

强立体效果，分别设置"投影""内阴影"和"内发光"，具体参数设置如图 3-83 ～图 3-85 所示。

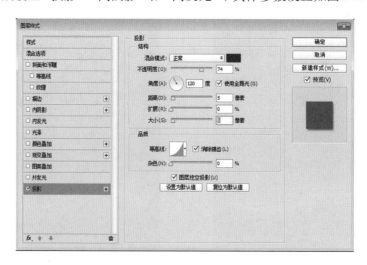

图 3-83

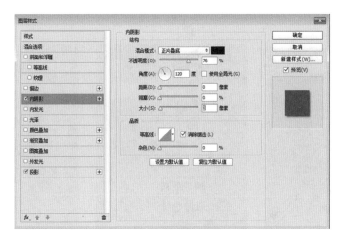

图 3-84

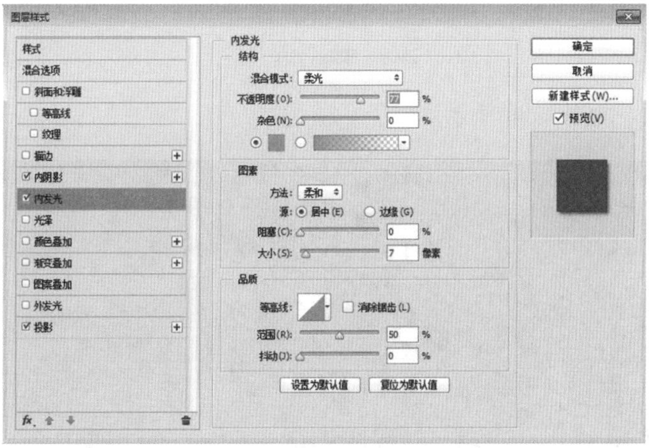

图 3-85

12 选择"树叶 拷贝 2"图层，右击该图层，在弹出的快捷菜单中选择"拷贝图层样式"命令，选择"树叶 拷贝"图层，右击选择"粘贴图层样式"命令，如图 3-86 所示。

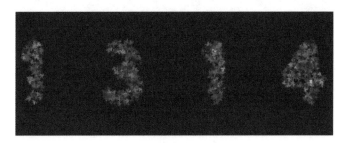

图 3-86

13 增加"照片滤镜"图层，如图 3-87 所示。

14 增加"渐变映射"图层，如图 3-88 所示，并将图层混合模式设为"柔光"，再增加

"色相 / 饱和度"图层，降低饱和度，如图 3-89 所示。

图 3-87

图 3-88

图 3-89

15 最后的效果如图 3-90 所示。

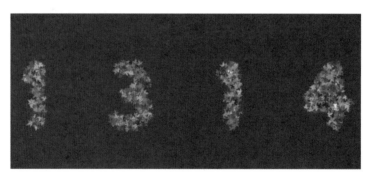
图 3-90

案例六　合成闪电的效果图片

应用：钢笔工具与描边路径

　　本案例制作闪电效果图片，方法是先使用"钢笔工具"绘制出闪电的路径，再设置画笔工具，最后进行路径的描边操作。

01 打开背景素材图片，这里使用的是一张城市夜景图片，如图 3-91 所示。

02 按 Ctrl+J 快捷键复制"背景"图层，将图层模式更改为"叠加"，如图 3-92 所示。

03 使用"钢笔工具"在天空中绘制闪电效果路径，如图 3-93 所示。

04 使用"直接选择工具"，选择闪电中的主线，它将会是最粗、最亮的，如图 3-94 所示。

图 3-91

图 3-92

图 3-93

图 3-94

05 选择"画笔工具",按F5键打开"画笔预设"面板,分别对"画笔笔尖形状"和"形状动态"进行调整,如图 3-95 和图 3-96 所示。

图 3-95

图 3-96

06 新建图层，右击闪电主线路径，选择"描边子路经"命令，工具模式选择"画笔"，如图 3-97 和图 3-98 所示。

图 3-97 　　　　　　　　　　　　　　图 3-98

07 增加"外发光"图层样式，增加闪电的发光效果，如图 3-99 所示。

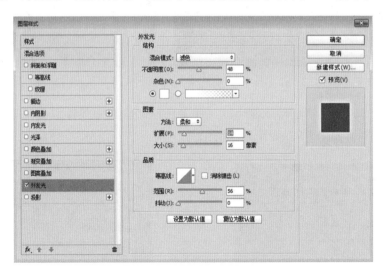

图 3-99

08 接下来制作闪电分支部分，它与主线的设置方式相同，按F5键打开"画笔预设"面板，参数只需改小一些即可，如图 3-100 和图 3-101 所示。

09 闪电形状效果大致如图 3-102 所示。

10 给主线与分支所在的两个图层增加图层蒙版，如图 3-103 所示，去掉闪电尾部不自然的地方。在涂抹时，可将笔刷硬度调整为 0%，使闪电看起来更加柔和自然，如图 3-104 所示。

11 复制闪电所在的所有图层，按Ctrl+T快捷键将闪电进行翻转变形，调整大小与位置，当作另一道闪电，如图 3-105 所示。

图 3-100

图 3-101

图 3-102

图 3-103

图 3-104

图 3-105

12 新建图层，使用紫色柔性画笔工具在闪电区域涂抹，将图层不透明度设为 10%，给闪电增加一些紫色效果。最终效果如图 3-106 所示。

图 3-106

案例七　设计印泥效果的艺术字

应用：描边路径

制作艺术字的方法有很多，最直接的方法就是用画笔描边路径。这里介绍一种更好的方法——用描边路径及滤镜来完成，不过，过程有点复杂，需要多次设置前、背景颜色，并用特殊的滤镜来突出文字的边缘，得到初步的效果后再细化处理即可。

01 新建一个大小为 1200 像素 ×850 像素的文档，将前景色改为浅黄色，背景色改为粉红色，如图 3-107 所示。

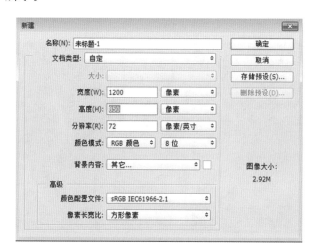

图 3-107

02 执行"滤镜"→"渲染"→"云彩"命令，如图 3-108 所示，并按 Ctrl+J 快捷键复制"背景"图层，如图 3-109 所示。

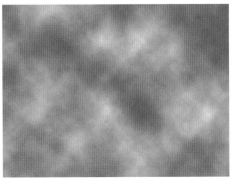

图 3-108   图 3-109

03 使用"文字工具"，在文档中输入文字，填充颜色为白色，调整好大小与位置，如图 3-110 所示。

04 按住 Ctrl 键单击副本图层的缩览图标，得到文字选区，如图 3-111 所示；单击"图层"面板中文字图层的眼睛图标，将该图层隐藏起来，如图 3-112 所示。

05 按 Shift+Ctrl+N 快捷键新建图层，将前景色改为浅粉色，背景色改为黑色，执行"滤镜"→"渲染"→"云彩"命令，如图 3-113 所示。

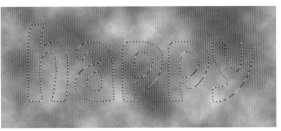

图 3-110   图 3-111

图 3-112   图 3-113

06 将有云彩效果的文字图层与背景副本图层全选，如图 3-114 所示，右击并在弹出的快捷菜单中选择"合并图层"命令。

07 选择"画笔工具"，将画笔大小调成 1 像素，选择硬度较高的笔刷。将之前隐藏的图层恢复，右击并在弹出的快捷菜单中选择"创建工作路径"命令。将前景色与背景色的颜色调换，使用"直接选择工具"，右击文字路径，在弹出的快捷菜单中选择"描边路径"命令，使用画笔模式即可，如图 3-115 所示。

图 3-114   图 3-115

08 按 Enter 键删除路径，再次切换前景色与背景色，如图 3-116 所示，选择"滤镜"→"滤镜库"→"素描"→"图章"命令，"明 / 暗平衡"设为 24，"平滑度"设为 5。

图 3-116

09 确认完成后，复制图层，得到如图 3-117 所示的效果。

10 执行"滤镜"→"滤镜库"→"艺术效果"→"粗糙蜡笔"命令，具体参数设置如图 3-118 所示，效果如图 3-119 所示。

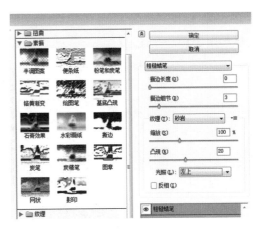

图 3-117   图 3-118

11 将图层的模式改为"减去"，如图 3-120 所示。

图 3-119   图 3-120

12 执行"滤镜"→"杂色"→"减少杂色"命令，强度改为 10，锐化细节为 5%，其余为 0，单击"确定"按钮，如图 3-121 所示。

图 3-121

13 创建"色相/饱和度"图层，将饱和度的值改为50，色相调整为任意颜色。最终效果如图 3-122 所示。

图 3-122

案例八　制作背光绚丽的发光字效果

应用：文字选区与图层样式

案例中的发光字通过滤镜完成，首先输入文字，再创建文字选区，给选区填充颜色，然后使用镜像模糊滤镜做出放射效果，渲染颜色，加上投影即可。

01 新建文档，如图 3-123 所示，大小为 500 像素 ×276 像素，背景填充黑色。在文档中输入白色字体，如图 3-124 所示。

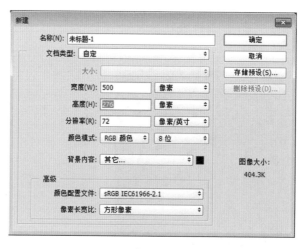

图 3-123

02 按 Shift+Ctrl+N 快捷键，新建图层，按住 Ctrl 键不放，单击文字缩览图，得到文字选区，执行"选择"→"修改"→"边界"命令，如图 3-125 所示。

图 3-124   图 3-125

03 将选区填充白色，如图 3-126 所示，图层模式改为"溶解"，选择原文字图层，颜色改为黑色，回到"图层"面板，右击文字图层，在弹出的快捷菜单中选择"栅格化"命令。此时图像效果如图 3-127 所示。

图 3-126   图 3-127

04 新建图层，并置于图层 1 之下，执行"滤镜"→"模糊"→"径向模糊"命令，弹出"径向模糊"对话框，如图 3-128 所示。

05 按 Ctrl+T 快捷键，将图层进行拉伸，如图 3-129 所示。

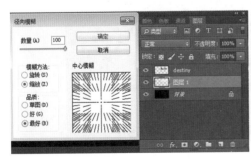

图 3-128   图 3-129

06 新建图层，并置于顶层，使用"渐变工具"，选择"黑白渐变"，画出渐变效果，并把图层模式改为"滤色"，效果如图 3-130 所示。

07 接下来制作倒影部分。选择文字图层，按 Ctrl+J 快捷键复制图层，按 Ctrl+T 快捷键，右击并在弹出的快捷菜单中选择"垂直翻转"命令，效果如图 3-131 所示。

图 3-130

图 3-131

08 给该图层增加图层蒙版，选择线性"渐变工具"，调整出渐变效果，效果如图 3-132 所示，将图层不透明度调为 70%，如图 3-133 所示。

09 选择文字图层，按 Ctrl+J 快捷键复制图层，按 Ctrl+T 快捷键，右击并在弹出的快捷菜单中选择"垂直翻转"命令，把图层置于文字图层之下，右击并在弹出的快捷菜单中选择"垂直翻转"，右击并在弹出的快捷菜单中选择"扭曲"命令，效果如图 3-134 所示。

图 3-132

图 3-133

图 3-134

10 执行"滤镜"→"模糊"→"高斯模糊"命令，弹出"高斯模糊"对话框，如图 3-135 所示，选择"文字 拷贝 2"图层，打开"图层样式"对话框，如图 3-136 所示，对"混合选项"的"混合颜色带"进行调整，将"下一图层"调整到 150，如图 3-137 所示。

11 此时的效果如图 3-138 所示。

图 3-135

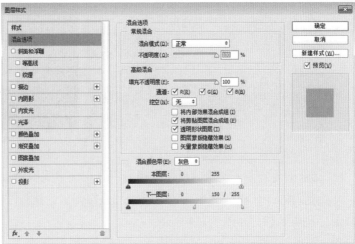

图 3-136

图 3-137

图 3-138

12 新建图层,并置于"背景"图层上方,使用深蓝色画笔进行涂抹,效果如图 3-139 所示。

13 新建图层,使用矩形选框框选下半部分,填充黑色,制作地平线效果,效果如图 3-140 所示。

14 新建图层,并置于最顶部,使用柔性笔刷在画布上刷三种颜色,如图 3-141 所示。将彩图的图层混合模式改为"柔光",效果如图 3-142 所示。

图 3-139

图 3-140

图 3-141 图 3-142

15 新建图层，使用白色柔性画笔工具在文字周围增加星光效果，效果如图 3-143 所示。

16 按 Ctrl+Shift+Alt+E 快捷键添加盖印图层，执行"滤镜"→"渲染"→"光照效果"命令，制作光感，如图 3-144 所示。

图 3-143 图 3-144

17 最终效果如图 3-145 所示。

图 3-145

案例九 制作燃烧的拳头图片

应用：路径

在 Photoshop 中，路径的应用十分广泛。路径是使用绘图工具创建的任意形状的曲线，用它可勾勒出物体的轮廓，所以也称为轮廓线。 为了满足绘图的需要，路径又分为开放路径和封闭路径。路径使设计师在计算机上绘制线条如用常规工具一般应手。

01 执行"文件"→"打开"命令，将素材图片置入画布中，如图 3-146 所示。

02 新建图层，使用"钢笔工具"，在"路径"状态下描绘手的形状，如图 3-147 ～图 3-149 所示。

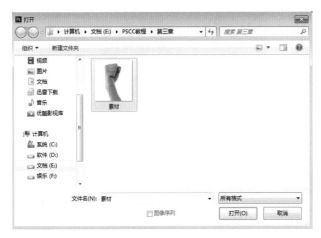

图 3-146

图 3-147

图 3-148

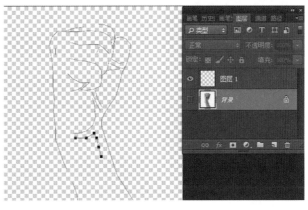

图 3-149

03 按 Ctrl+N 快捷键，新建图层，并执行"编辑"→"填充"命令，给图层填充黑色，将"背景"图层隐藏起来，效果如图 3-150 所示。

04 回到空白图层中，选择"路径"操作面板，右击工作路径，在弹出的快捷菜单中选择"描边路径"命令，如图 3-151 所示，弹出"描边路径"对话框，将"工具"设为"画笔"，单击"确定"按钮，如图 3-152 所示。

05 使用"涂抹工具"，对图案进行处理，如图 3-153 所示。

06 增加图层样式，外发光、颜色叠加、内发光中的具体参数如图 3-154 ～图 3-156 所示。

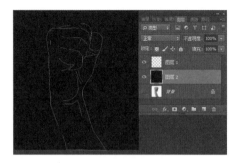
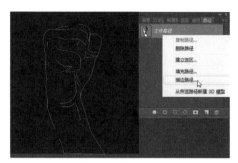

图 3-150　　　　　　　　　　　图 3-151

图 3-152

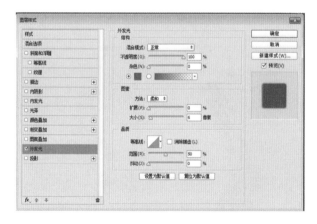

图 3-153　　　　　　　　　　　图 3-154

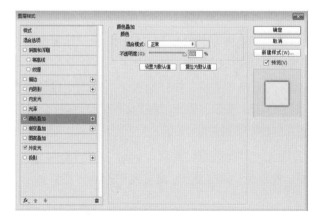

图 3-155

07 调整后的图片效果如图 3-157 所示。

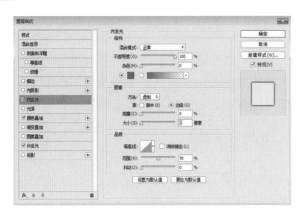 

图 3-156   图 3-157

08 执行"滤镜"→"模糊"→"高斯模糊"命令，将半径设为 2.2 像素，如图 3-158 所示。

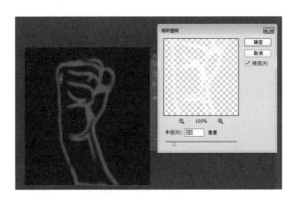

图 3-158

09 执行"滤镜"→"扭曲"→"波纹"命令，使手的线条变得波动起来，如图 3-159 所示。

10 将火焰素材置入文档中，调整好大小，将图层模式设置为"正片叠底"，将火焰贴合拳头的形状放置，营造拳头在燃烧的效果，如图 3-160 所示。

11 最终效果如图 3-161 所示。

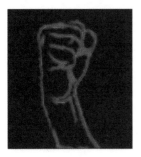 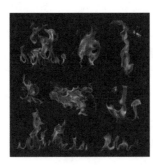 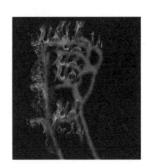

图 3-159   图 3-160   图 3-161

案例十　绘制透明玻璃花瓶

应用：钢笔工具

　　钢笔工具属于矢量绘图工具，其优点是可以勾画平滑的曲线，在缩放或者变形之后仍能保持平滑效果。用钢笔工具画出来的矢量图形称为路径，路径是矢量的，路径允许是不封闭的开放状。如果使起点与终点重合，就可以得到封闭的路径。本案例使用钢笔工具绘制一个玻璃花瓶，具体操作方法如下。

　　01 新建文档，大小为 600 像素 × 800 像素，分辨率为 72 像素 / 英寸，如图 3-162 所示。

　　02 按 Shift+Ctrl+N 快捷键新建图层，使用"渐变工具"（渐变设置如图 3-163 所示），在新建图层上自上至下填充，如图 3-164 所示。

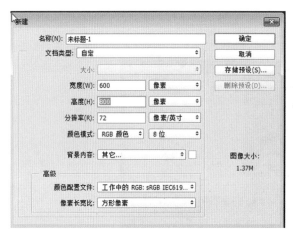 

　　　　　　　图 3-162　　　　　　　　　　　　　　　　　图 3-163

　　03 使用"钢笔工具"，选择"形状"模式，画出花瓶的轮廓，如图 3-165 所示。

　　04 使用"钢笔工具"，填充颜色设为白色，如图 3-166 所示，将瓶口的高光画出，并对线条进行粗细处理，如图 3-167 所示。

　　05 使用"椭圆工具"，在瓶子上绘制水面。选择"套索工具"，将羽化值设为 20 像素，然后在瓶子上半部分画出矩形，接着新建一个图层，给矩形填充深于瓶身的颜色，如图 3-168 所示。

　　06 选择瓶子所在的图层，使用"加深工具"将瓶子两侧颜色加深，效果如图 3-169 所示。

　　07 使用"钢笔工具"，在瓶子底部画出深色部分，并使用"减淡工具"和"涂抹工具"进行虚实处理，如图 3-170 所示。

　　08 使用"套索工具"，在水面以下的地方绘制一个区域，并填充深于瓶身的颜色，使瓶子底部更加有真实感，如图 3-171 所示。

　　09 使用"钢笔工具"圈出花瓶左侧与底部，并使用白色填充，该步骤用来制作反光。将反光图层的不透明度设为 50%，如图 3-172 所示。

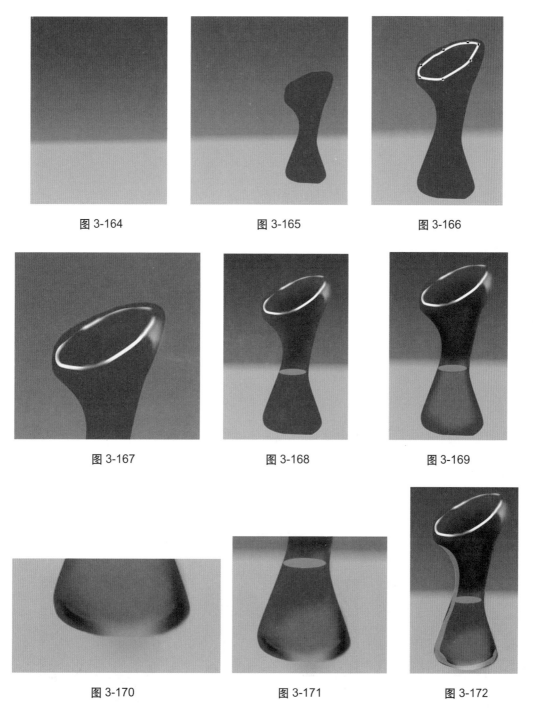

图 3-164 　　　　　　图 3-165 　　　　　　图 3-166

图 3-167 　　　　　　图 3-168 　　　　　　图 3-169

图 3-170 　　　　　　图 3-171 　　　　　　图 3-172

10 接下来绘制高光。使用"钢笔工具"勾出高光部分，执行"滤镜"→"模糊"→"高斯模糊"命令，半径设为 4 像素，如图 3-173 所示。增加高光图层蒙版，使用"渐变工具"绘制从上至下的渐变颜色，如图 3-174 所示。

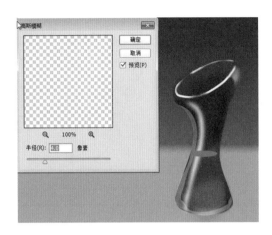

图 3-173   图 3-174

11 回到瓶子图层，使用"加深工具"将瓶子的立体感加强，如图 3-175 所示。

12 新建图层，使用"套索工具"绘制环境光形状，并填充白色，然后在不取消选区的情况下增加图层蒙版，并填充灰色，如图 3-176 所示。填充完成后，按 Ctrl+D 快捷键取消选区即可，如图 3-177 所示。

图 3-175   图 3-176

13 将花朵图片置入文档中，使用"魔棒工具"将花朵图像抠下来，如图 3-178 所示。

14 在瓶身上增加一点粉色与绿色，这是花对瓶子的颜色产生的影响。最终效果如图 3-179 所示。

图 3-177   图 3-178   图 3-179

第四章

图层、通道与蒙版的应用

学习提示

　　图层、通道与蒙版的应用对初学者来说是不太容易理解与掌握的部分。其实，只要正确理解这三种技术的原理，学习 Photoshop CC 将不会特别困难。本章将通过详细的综合实例，帮助读者突破瓶颈，提高实际操作能力。

扫二维码下载
本章素材文件

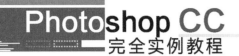

案例一　给图片制作拼图效果

应用：图层样式

图层样式是应用于一个图层或图层组的一种或多种效果。应用图层样式十分简单，本案例以“斜面和浮雕效果”为参考，制作图像拼图效果。

---

01 打开需要制作的图片，按 Shift+Ctrl+N 快捷键，新建一个图层，并将“背景”图层隐藏起来，如图 4-1 所示。

02 选择“矩形工具”，将样式设为“固定大小”，宽度与高度均为 100 像素，如图 4-2 所示。

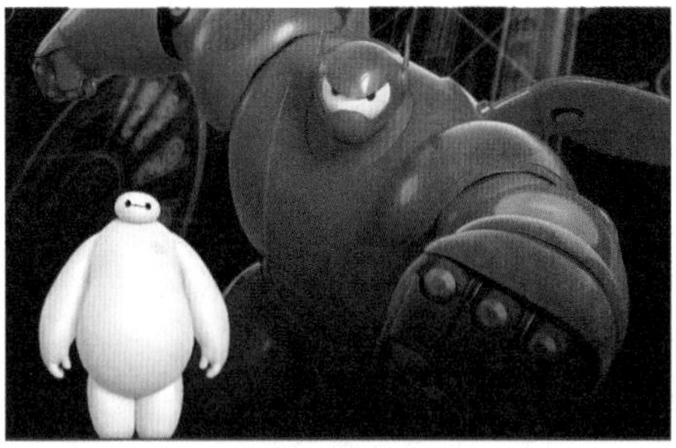

图 4-1

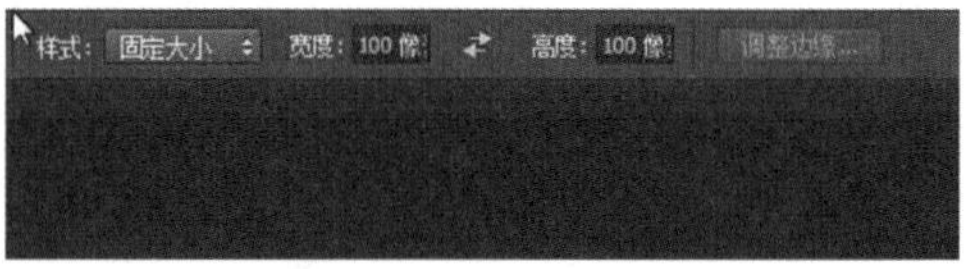

图 4-2

03 再新建一个图层，并在左侧绘制一个矩形，然后选择“油漆桶工具”，给选区填充任意颜色，如图 4-3 所示。接着以同样方式绘制一个黑色的矩形，并放置在右下角。

04 在矩形边缘处，使用“铅笔工具”绘制 4 个圆，效果如图 4-4 所示。

05 使用“魔棒工具”选中这 4 个圆，按 Delete 键删除，如图 4-5 所示。

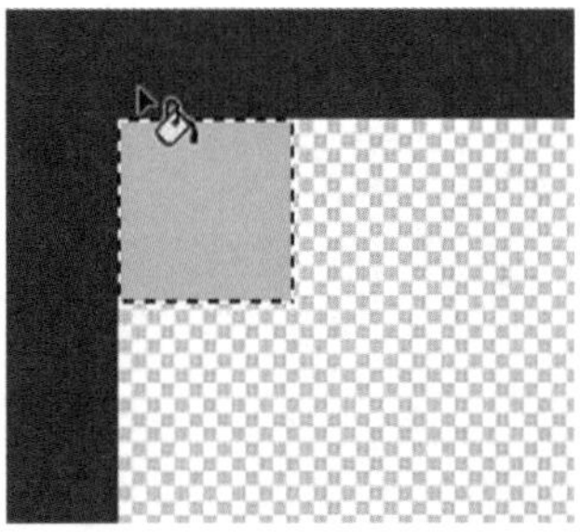

图 4-3

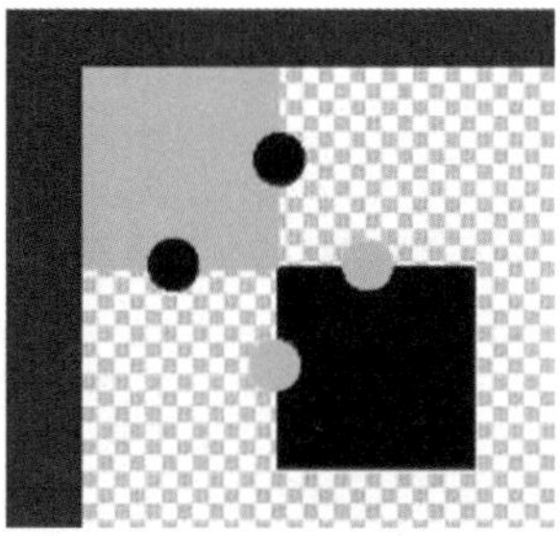

图 4-4

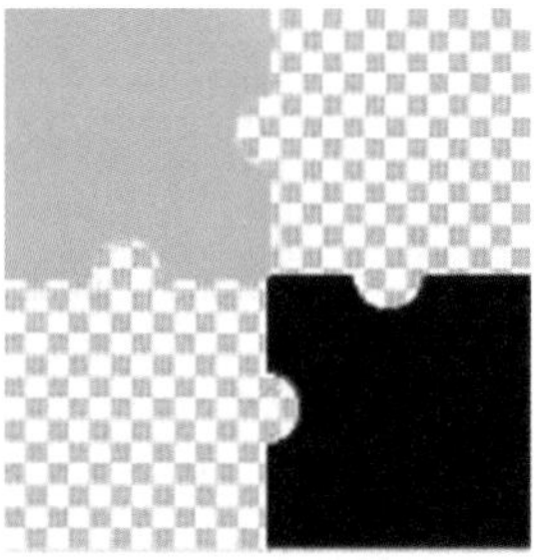

图 4-5

06 将这两个矩形全选，右击，选择“合并图层”命令，然后将这个图层合理地分布在整个画面之中，分布完成后，将所有拼图合并，如图 4-6 所示。

07 增加图层样式，选中“斜面和浮雕”复选框，“斜面和浮雕”中的参数设置如下，样式为“枕状浮雕”，深度为 160%，大小为 5 像素，角度为 120 度，高度为 30 度，不透明

度均为 75%，如图 4-7 所示。

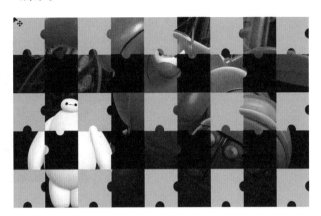

图 4-6

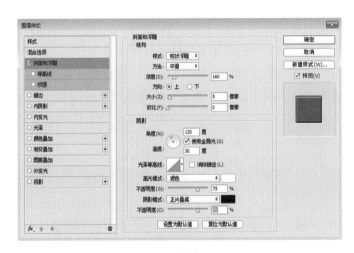

图 4-7

08 执行"图像"→"调整"→"去色"命令，如图 4-8 所示，然后把图层混合模式更改为"变暗"，如图 4-9 所示。

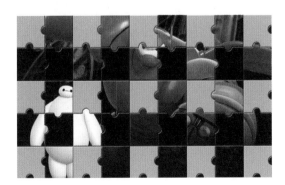

图 4-8

图 4-9

09 执行"图像"→"调整"→"亮度/对比度"命令，将数值均改为100，如图4-10所示。

10 最终效果如图4-11所示。

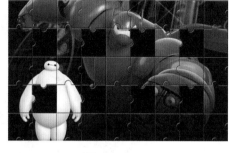

图 4-10   图 4-11

案例二　制作星光水晶字体效果

应用：图层样式

本案例中的星光效果使用了星光素材图片，而文字质感特效是由设置图层样式来设定的。本案例的操作主要是几个命令的不断重复叠加，最终得到理想效果，因此需要足够的耐心与细心。

01 执行"文件"→"新建"命令，建立一个 1000 像素 ×700 像素，分辨率为 72 像素/英寸的文档，如图 4-12 所示。

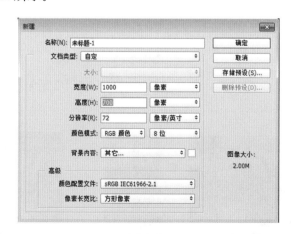

图 4-12

02 选择"渐变工具"，选择"径向渐变"模式，由画布中心向两侧拉，得到一个渐变效果，如图 4-13 所示。

03 选择"文字工具"，在画布中输入 520love，字体为黑色，如图 4-14 所示。

图 4-13　　　　　　　　　　　　　　　　　　图 4-14

04 给文字图层设置图层样式，"斜面和浮雕""外发光""投影"中的具体参数设置如图 4-15 ～图 4-17 所示。

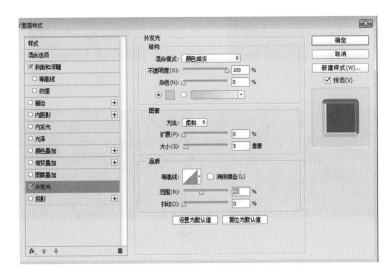

图 4-15

图 4-16

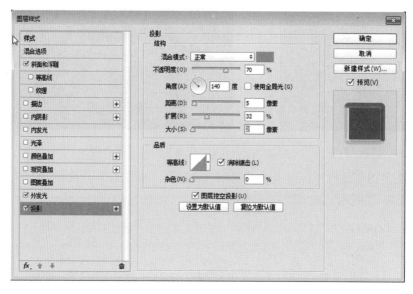

图 4-17

05 设置完成之后,将"图层"面板中的填充设置为 0%,如图 4-18 所示。

06 创建一个"色相/饱和度"图层,参数设置如图 4-19 所示。此时的效果如图 4-20 所示。

图 4-18

图 4-19

图 4-20

07 按 Ctrl+J 快捷键复制文字图层,并将该图层置于最上层。执行"文件"→"打开"命令,将准备好的星光图片打开,执行"编辑"→"定义图案"命令,命名并单击"确定"按钮,如图 4-21 所示。（星光与字体此时不在一个文档中。）

08 选择文字图层副本，右击，选择"清除图层样式"命令。然后重新给该图层设置图层样式，依次对"描边""内发光""渐变叠加""图案叠加""斜面和浮雕""等高线""投影"进行参数调整，具体参数设置如图 4-22 ～图 4-26 所示。

09 确认完成后，将填充改为 0%，如图 4-27 所示，此时效果如图 4-28 所示。

图 4-21

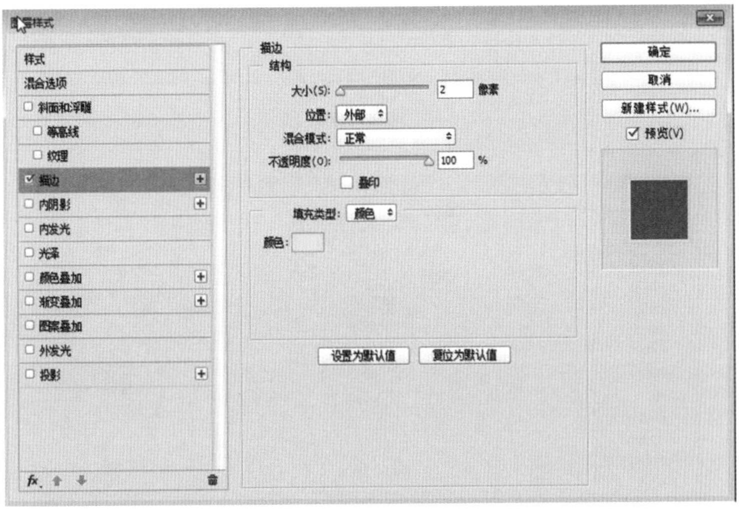

图 4-22

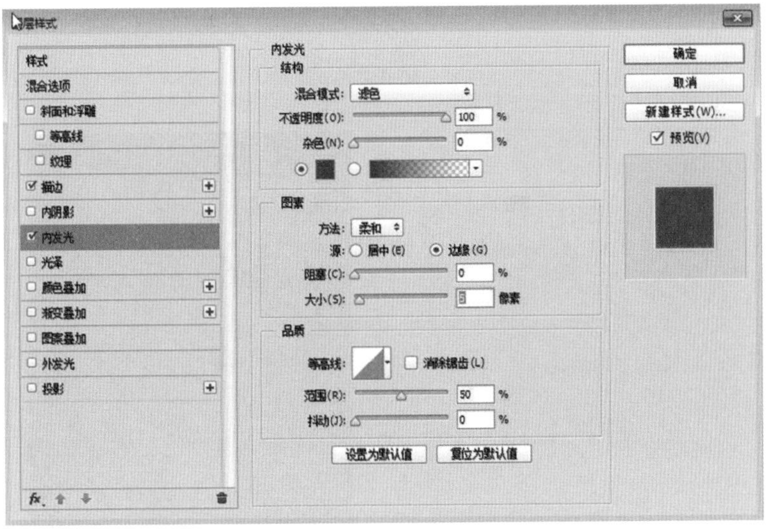

图 4-23

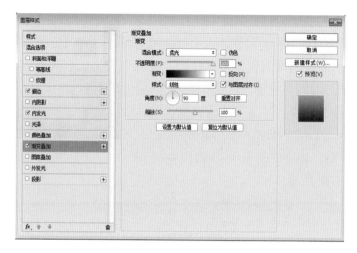

图 4-24

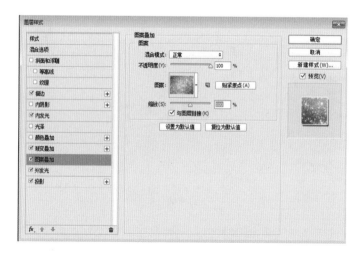

图 4-25

图 4-26

图 4-27

图 4-28

10 按 Ctrl+J 快捷键将该图层复制，得到新图层，右击，选择"清除图层样式"命令。对该图层的"斜面和浮雕""等高线""描边"进行参数设置，如图 4-29 ～图 4-32 所示。

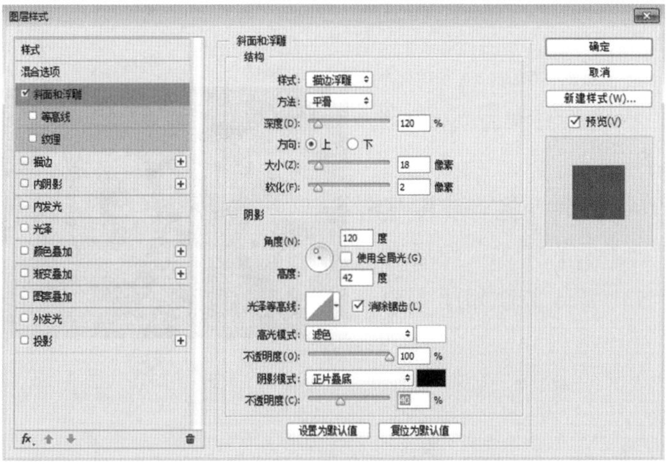

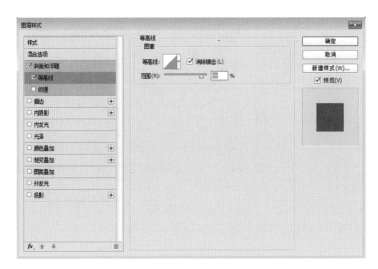

图 4-29

图 4-30

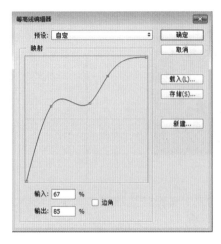

图 4-31

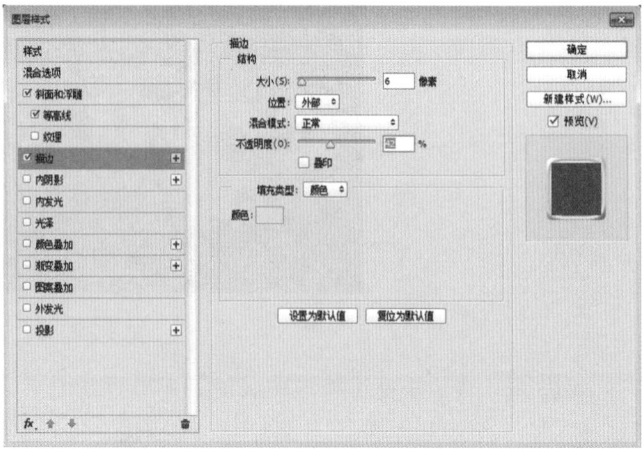

图 4-32

11 确认后，将填充值改为 0%，此时的效果如图 4-33 所示。

12 与之前方法相同，将当前图层复制一层，并清除新图层的样式，然后对"等高线"进行设置，具体参数如图 4-34 和图 4-35 所示。

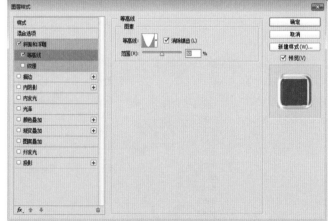

图 4-33

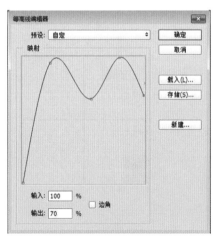

图 4-34

图 4-35

13 最终，星光水晶效果字体如图 4-36 所示。

图 4-36

案例三　制作炫彩特效的唯美字体

应用：图层样式、滤镜

　　炫彩字由云彩和高光组成，操作比较简单。首先制作高光字体，然后用画笔和滤镜增加云彩效果，最后加些星光装饰即可。

　　01 新建文档，尺寸为 1200 像素 × 500 像素，颜色为黑色。使用"文字工具"，输入文字，如图 4-37 所示。

　　02 选择文字图层，设置图层样式，分别对"内阴影""外发光""内发光""斜面和浮雕""渐变叠加"进行设置，具体参数如图 4-38 ~ 图 4-42 所示。

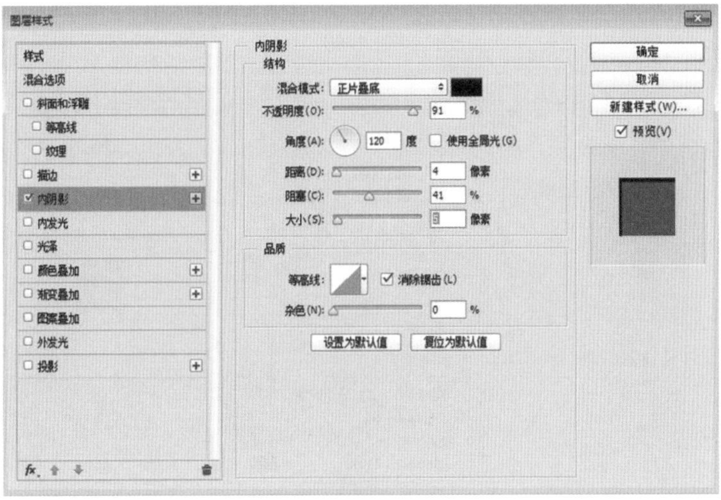

图 4-37

图 4-38

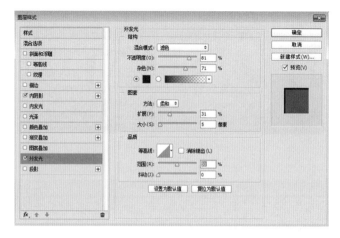

图 4-39

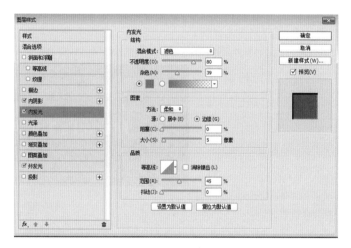

图 4-40

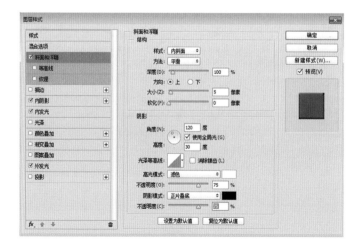

图 4-41

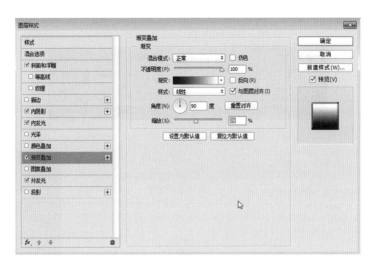

图 4-42

03 文字效果如图 4-43 所示。

04 按住 Alt 键选择文字图层，获得选区，如图 4-44 所示。新建图层，执行"编辑"→"填充"命令，在选区内填充黑色，并将该图层微微向右下方移动，如图 4-45 所示。

图 4-43	图 4-44

05 执行"滤镜"→"杂色"→"杂色添加"命令，参数设置如图 4-46 所示。

图 4-45	图 4-46

06 将杂色图层的混合模式改为"柔光"，如图 4-47 所示。

图 4-47

07 新建图层，使用"画笔工具"，选择柔性笔刷，如图 4-48 所示。

08 得到的文字效果如图 4-49 所示。

09 新建一个图层，用来制作星云，使用"套索工具"，羽化值为 20 像素，建立选区，如图 4-50 所示。

10 执行"编辑"→"填充"命令，填充黑色，然后将前景色设为黑色，背景色设为白色。执行"滤镜"→"渲染"→"云彩"命令，打开"色阶"对话框，参数调整如图 4-51 所示。

11 将图层填充设置为80%，将图层模式改为"叠加"。使用"画笔工具"，选择黑色背景图层，在文字附近轻轻单击，最终效果如图 4-52 所示。

图 4-48

图 4-49

图 4-50

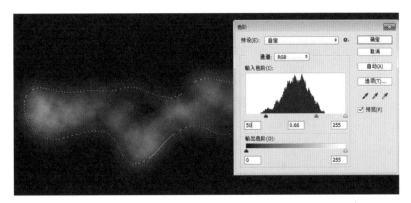

图 4-51

图 4-52

案例四　制作写实玉石图片

应用：图层样式

　　制作玉石的要点是色泽与光泽，色泽要圆润，光感要透亮，因此，需要处理好高光与阴影部分，这样最终效果才会有较强的立体感。

01 打开画布，新建一个灰色的文档，参数设置如图 4-53 所示。

02 使用"椭圆工具"画一个正圆，再在中心画一个小正圆形，使用布尔运算，形成一个圆形选区，如图 4-54 所示。按 Shift+Ctrl+N 快捷键新建图层，并给选区填充浅青色，如图 4-55 所示。

03 选择圆环所在图层，打开"图层样式"对话框，分别对"斜面和浮雕""等高线""内阴影""投影"几个部分进行设置，具体参数如图 4-56 ～图 4-59 所示。

图 4-53

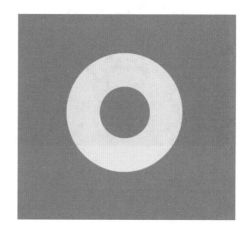

图 4-54   图 4-55

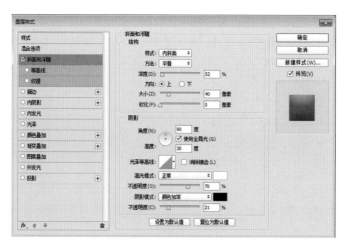

图 4-56

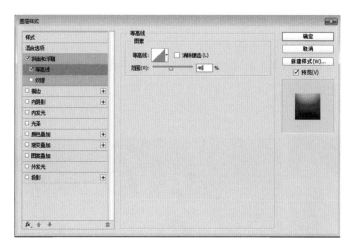

图 4-57

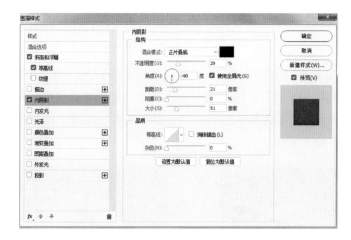

图 4-58

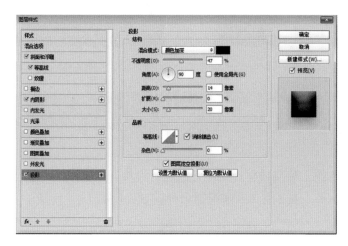

图 4-59

04 新建画布，将前景色设为黑色，背景色设为白色，执行"滤镜"→"渲染"→"云彩"命令，得到云彩纹理，如图 4-60 所示。

05 将云彩图片使用移动工具拖到玉石文档中去，在"图层"面板中，选择云彩图层，右击，选择"创建剪贴蒙版"命令，将图层的混合模式改为"颜色加深"，不透明度设为55%，如图 4-61 所示。

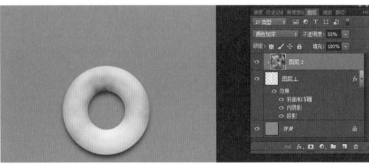

图 4-60　　　　　　　　　　　　　　　　图 4-61

06 使用"画笔工具"和"涂抹工具"完成玉石上的高光，如图 4-62 所示。

07 使用"圆角矩形工具"，绘制两个棕色的圆角矩形当作绕绳，并使用"加深工具"画出立体感，最后选择一开始的圆环图层，用"加深工具"在绳子所在位置微微加深，形成阴影效果即可，如图 4-63 所示。

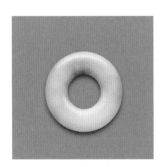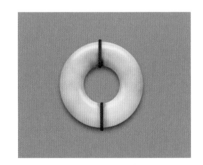

图 4-62　　　　　　　　　　　　　　　　图 4-63

案例五　制作万圣节南瓜灯图片

应用：图层样式

本文以南瓜灯为例，对图层样式操作方法进行详解，通过本案例的学习，让用户知道，想要制作出精彩的效果，就必须灵活掌握图层样式参数设置。

01 新建文件，尺寸为 800 像素 ×800 像素，分辨率为 72 像素 / 英寸，背景内容设置为黑色，如图 4-64 所示。

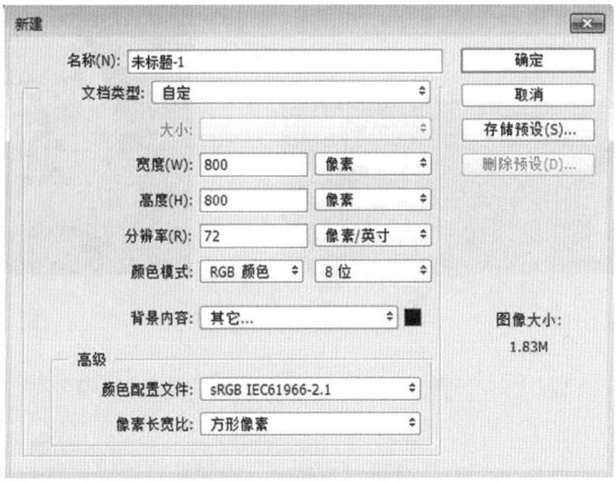

图 4-64

02 使用"移动工具"，将南瓜素材图片拖曳到画布中，如图 4-65 所示，并使用"快速选择工具"，将南瓜的背景删除掉，南瓜留用，如图 4-66 所示。

图 4-65

图 4-66

03 执行"图层"→"图层样式"→"内发光"命令，各参数设置如图 4-67 所示。

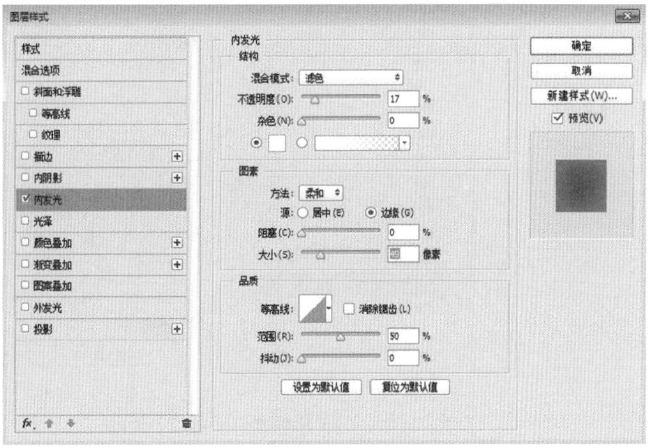

04 选择"钢笔工具"，将模式改为"形状"，如图 4-68 所示，然后在南瓜上画出图案，如图 4-69 所示。

05 设置图层样式中的"内阴影"，各参数值如图 4-70 所示。

06 设置图层样式中的"外发光"，各参数值如图 4-71 所示。

图 4-67

图 4-68

图 4-69

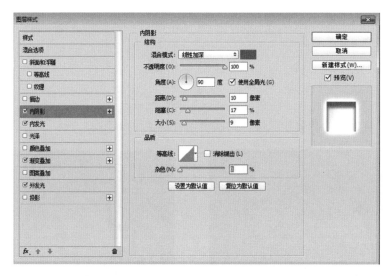

图 4-70

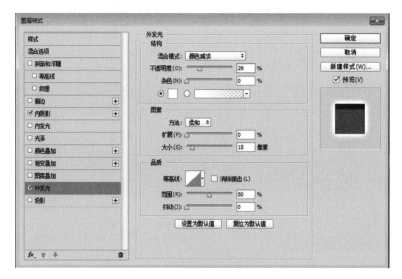

图 4-71

07 设置图层样式中的"内发光"，各参数值如图 4-72 所示。

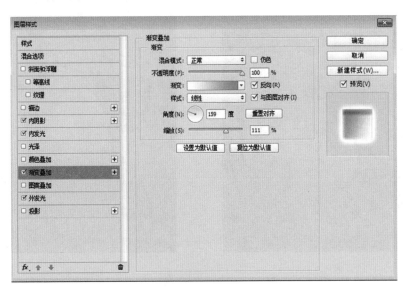

图 4-72

08 设置图层样式中的"渐变叠加"，各参数值如图 4-73 所示。

图 4-73

09 单击渐变颜色框，打开"渐变编辑器"对话框，各参数如图 4-74 所示。

10 完成南瓜图形制作，接下来加入艺术字体即可，如图 4-75 所示。

11 使用"画笔工具"，选择柔边圆笔刷，在南瓜灯的开口和底座处绘制几道光线，用"涂抹工具"进行修整，最终的效果如图 4-76 所示。

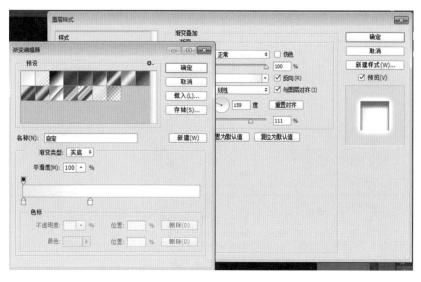

图 4-74

图 4-75

图 4-76

案例六　制作烟雾骏马效果图

应用：通道、笔刷

　　Photoshop 里的通道，具有存储图像的色彩资料、存储和创建选区及抠图的功能。通道的用法需要用户在实际操作中去仔细体会。

01 打开软件，执行"文件"→"打开"命令，将素材图片放入画布中去，如图4-77所示。

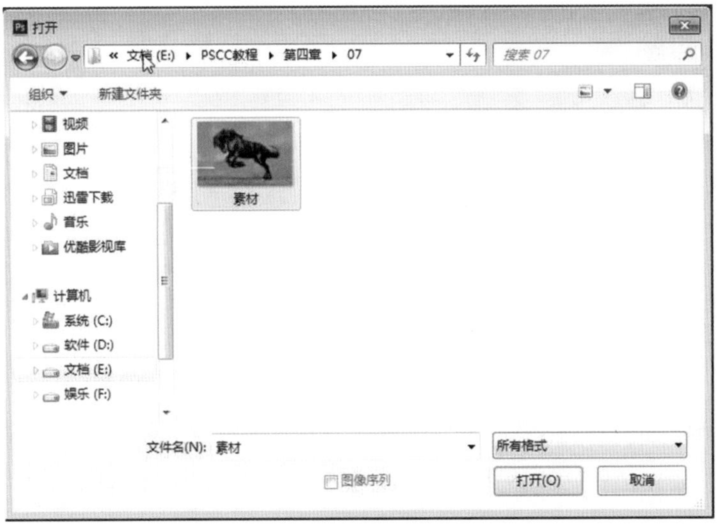

图 4-77

02 按 Ctrl+L 快捷键，打开"色阶"对话框，增加图像的对比度，参数设置如图 4-78 和图 4-79 所示。

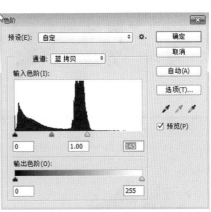

图 4-78   图 4-79

03 选择"套索工具"，将羽化值设置为 10 像素，如图 4-80 所示，然后将骏马的腿部及以下部分圈起来，如图 4-81 所示。

图 4-80

04 按 Ctrl+L 快捷键调整图像色阶，将选区内部的颜色调浅，参数设置如图 4-82 所示。

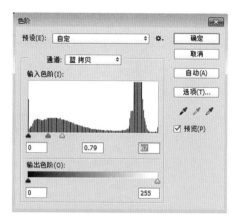

图 4-81 图 4-82

05 选择硬度小的柔性画笔工具，将选区内的颜色涂白，如图 4-83 所示。

06 按 Ctrl+M 快捷键，将图像的暗部加深，如图 4-84 所示，此时效果如图 4-85 所示，然后执行"图像"→"调整"→"反相"命令，如图 4-86 所示。

图 4-83 图 4-84

图 4-85 图 4-86

07 按住 Ctrl 键不放，单击"蓝 拷贝"通道将其载入选区，单击 RGB 通道，如图 4-87 所示，返回"图层"面板，按 Ctrl+J 快捷键复制选区内容，如图 4-88 所示。

图 4-87   图 4-88

08 选择"背景"图层，执行"编辑"→"填充"命令，给背景填充浅灰色，如图 4-89 所示。复制"图层 1"，选择复制好的图层，按 Ctrl+T 快捷键，将图像微微调小，把"图层 1"隐藏，如图 4-90 所示。

图 4-89   图 4-90

09 单击骏马图层，增加图层蒙版，使用烟雾画笔在马蹄与马腹附近绘制烟雾效果，如图 4-91 所示。

10 使用柔边画笔，将局部涂抹，造成虚实变化，效果如图 4-92 所示。

11 将前景色设置为黑色，按 Shift+Ctrl+N 快捷键新建图层，选择一种烟雾笔刷，刷出一种烟雾效果，如图 4-93 所示，按 Ctrl+T 快捷键调整该烟雾图层大小、方向，如图 4-94 所示。

图 4-91

图 4-92

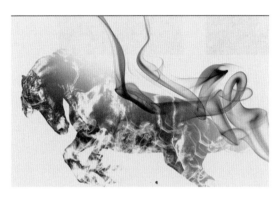

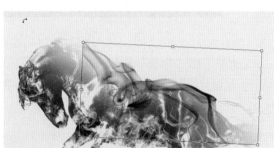

图 4-93

图 4-94

12 保持调整状态，右击，选择"变形"命令，将烟雾附在马背上，如图 4-95 所示。新建图层，使用烟雾笔刷在马身上绘制烟雾效果。

13 使用"橡皮擦工具"，将硬度调到最小，适当单击烟雾，制作出逼真的烟雾效果。可以使用上文方法多绘制一些烟雾效果，如图 4-96 所示。

图 4-95

图 4-96

14 新建图层，并把它置于最顶层，按 Shift+Ctrl+Alt+E 快捷键添加盖印图层，选择"滤镜"→"模糊"→"高斯模糊"命令，将半径设为 4 像素，如图 4-97 所示，图层混合模式设置为"柔光"，如图 4-98 所示。

图 4-97   图 4-98

15 最终效果如图 4-99 所示。

图 4-99

案例七   制作地面油漆效果艺术字

应用：文字工具、图层蒙版

蒙版的应用十分广泛，接下来通过创建剪贴蒙版，对文字进行艺术化处理。本案例以沥青地面油漆高效果为例，体验图层蒙版功能。

01 寻找到一张清晰的沥青地面图片，将它置入 Photoshop 中，如图 4-100 所示。

图 4-100

02 按 Ctrl+J 快捷键，复制"背景"图层，使用"文字工具"写上文字。如果是两个文字图层，将它们选中，右击，选择"合并图层"命令，将它们合为一层，如图 4-101 所示。

03 将准备好的黄色龟裂沥青图片拖进文档中，置于文字图层的上层，并将文字完全盖住，如图 4-102 所示。

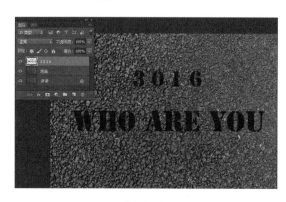

图 4-101

图 4-102

04 右击，选择"创建剪贴蒙版"命令，如图 4-103 所示，给文字图层增加剪贴蒙版，如图 4-104 所示。

05 选择沥青图片图层，按住 Ctrl 键不放，单击图层缩览图载入选区，按 Ctrl+C 快捷键复制图像，如图 4-105 所示。

06 单击文字图层的蒙版缩览图，如图 4-106 所示，进入"通道"面板，将通道前方的眼睛图标选中，按 Ctrl+V 快捷键粘贴刚才的图像，如图 4-107 所示。

图 4-103

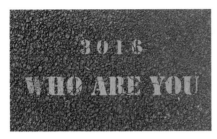

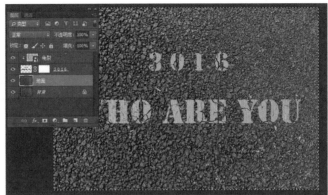

图 4-104   图 4-105

图 4-106   图 4-107

07 回到"图层"面板，按 Ctrl+D 快捷键取消选区，单击图层缩览图，可以看到的效果如图 4-108 所示。

08 执行"图像"→"调整"→"亮度 / 对比度"命令，调整文字的明暗度，参数设置如图 4-109 所示。

图 4-108   图 4-109

09 新建图层，使用"画笔工具"，选择喷溅笔刷，在文字周围画出喷溅效果，如图 4-110 所示。

10 按照上文中文字图层的方法，将喷溅图层的效果制作成与文字效果相同样式，如图 4-111 所示。

图 4-110   图 4-111

11 新建图层，使用"画笔工具"，选择脚印笔刷，画上两个脚印。再将脚印图层的混合模式更改为"柔光"，如图 4-112 所示。

12 新建图层，使用"矩形工具"，画出白色矩形当作路标，按 Ctrl+J 快捷键，将白色路标复制几个并排成一条线，再使用上文中文字图层的调整方法设置一遍，最终效果如图4-113所示。

图 4-112   图 4-113

案例八　制作飞溅的鞋子图片

应用：蒙版

在使用 Photoshop 等软件进行图形处理时，常常需要保护一部分图像，以使它们不受各种处理操作的影响。蒙版就是这样的一种工具，它是一种灰度图像，其作用就像一张布，可以遮盖住处理区域中的一部分，当对处理区域内的图像进行模糊、上色等操作时，被蒙版遮盖起来的部分则不会受到影响。

01 执行"文件"→"打开"命令，将准备好的素材置入文档，如图 4-114 所示。按 Ctrl+J 快捷键复制背景图层，选择原背景图层，执行"编辑"→"填充"命令，并填充白色，如图 4-115 所示。

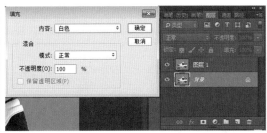

图 4-114   图 4-115

02 使用"矩形选框工具"，在图片右侧没有鞋子的区域拖动鼠标创建矩形选区，然后按 Ctrl+J 快捷键得到复制选区，如图 4-116 和图 4-117 所示。

图 4-116   图 4-117

03 选择复制的矩形选区，即图层 2，按 Ctrl+T 快捷键，对矩形选区进行变形，使它遮盖住鞋子的一部分，如图 4-118 所示。

04 给矩形图层添加图层蒙版，然后使用"渐变工具"给鞋子后半部分增加渐变效果，如图 4-119 和图 4-120 所示。

05 把素材图片置入文档中，执行"编辑"→"定义画笔预设"命令，如图 4-121 所示，将素材图片定义为喷溅画笔，在图片中，调整笔刷大小，单击一下鞋子的后半部分，如图 4-122

所示。

图 4-118　　　　　　　　图 4-119　　　　　　　　图 4-120

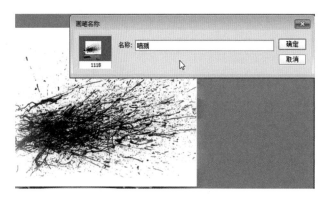

图 4-121　　　　　　　　　　　　图 4-122

06 选择鞋子图层，使用"画笔工具"，颜色设为图片灰色背景色，将鞋子后边一部分涂掉。再选择喷溅图层，使用"橡皮擦工具"将标志部分显露出来，如图 4-123 所示。

07 为了使画面更加逼真，使用"画笔工具"，选择喷溅型的笔刷，颜色设为黑色，在商标附近单击上色，效果如图 4-124 所示。

图 4-123　　　　　　　　　　图 4-124

08 按 Ctrl+J 快捷键得到一个白色喷溅图层，按 Ctrl+T 快捷键，以鞋底为对称轴翻转镜像，制作出喷溅的投影效果，并将该复制图层不透明度调整为 53%，如图 4-125 所示。

09 将图标文字图片置入文档中，并把图层模式更改为"正片叠底"，如图 4-126 所示。

10 最终效果如图 4-127 所示。

图 4-125   图 4-126   图 4-127

案例九　制作唯美人物幻化成飞鸟的图片

应用：图层蒙版

01 执行"文件"→"新建"命令，新建一个文档，大小为 1500 像素 × 1000 像素，分辨率设为 72 像素 / 英寸，如图 4-128 所示。

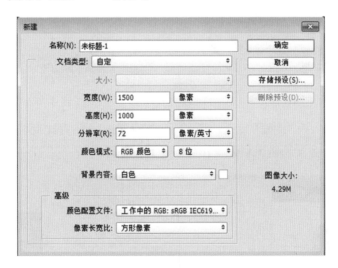

图 4-128

02 将素材舞者的图片使用移动工具拖曳入画布中，如图 4-129 所示，使用"魔棒工具"将舞者的背景选中并删除，舞者身体部分备用。抠图时不用太过细致，大致保留人物形体即可，如图 4-130 所示。

03 按 Shift+Ctrl+N 快捷键新建图层，再按 Ctrl+Alt+G 快捷键创建剪贴蒙版，使用"画笔工具"，前景色设为黑色，选择不透明度为 10% 的柔边圆笔刷，在框选位置微微涂黑，如

图 4-131 所示。

04 将前景色换为白色，再将舞者右侧部分微微涂白，如图 4-132 所示。

图 4-129

图 4-130

图 4-131

图 4-132

05 执行"图像"→"调整"→"曲线"命令，将人物的明暗对比度拉大，如图 4-133 所示，然后按 Ctrl+Alt+G 快捷键创建图层蒙版，如图 4-134 所示。

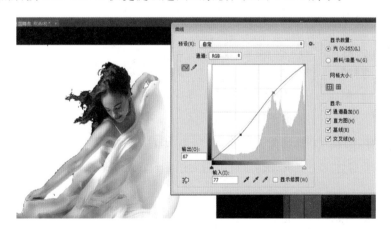

图 4-133

图 4-134

06 执行"图像"→"调整"→"色相／饱和度"命令，参数设置如图 4-135 所示，降低图像的饱和度，然后执行"图像"→"调整"→"去色"命令，将图像转变为黑白色，如图 4-136 所示。

图 4-135　　　　　　　　　　　　　　　　图 4-136

07 使用"移动工具"，将准备好的鸟的素材拖曳到画面中，使用"魔棒工具"将鸟抠出来备用，并适当调整鸟的位置与大小。依照这种做法多制作一些鸟的图案，如图 4-137 所示。

08 在鸟与人之间的交界处，用鸟做分割线，图中涂黑处为交界线位置示意，如图 4-138 所示。

图 4-137　　　　　　　　　　　　　　　　图 4-138

09 新建图层，使用"套索工具"将鸟形成的交界线左侧的位置框选下来，并执行"编辑"→"填充"命令，给选区内填充白色，然后将该图层置于所有鸟的图层下方，人物的上方，如图 4-139 所示。

10 新建图层，使用"椭圆选框工具"，将羽化值设为60像素，在图上画一个选区，执行"编辑"→"填充"命令，在选区中填充白色， 如图 4-140 所示。最终人物幻化成飞鸟的图片完成效果如图 4-141 所示。

图 4-139

图 4-140

图 4-141

案例十　制作光滑碧玉质感效果字体

应用：图层样式

通过图层样式、混合模式等工具可以制作出立体效果字体，然后结合图像调整制作出碧玉质感，最后加上高光素材即可。

01 新建文档，尺寸为1200像素×600像素，使用"渐变工具"，选择"径向渐变"，颜色由浅至深即可，从画面中心向下拉，出现一个渐变背景，如图4-142～图4-144所示。

02 在渐变图层上方新建图层，并填充暗色，使用"椭圆选框工具"在画面中心绘制一个椭圆选区，按Shift+F6快捷键，半径设为20像素，将选区进行羽化，按Delete键删除选区，如图4-145～图4-147所示。

图 4-142

图 4-143

图 4-144

图 4-145

图 4-146

图 4-147

03 创建图层组，命名为"特效文字"，在该组中新建图层，使用"文字工具"输入 ps cc，如图 4-148 所示；按 Ctrl+J 快捷键复制两个文字图层，如图 4-149 所示，此时文字图层有 ps cc、"ps cc 拷贝"和"ps cc 拷贝 2" 3 个图层。

图 4-148

04 将两个拷贝图层的图层填充改为 0，然后在 ps cc 图层上执行"编辑"→"填充"命令，填充黑色；对图层 ps cc 的"斜面和浮雕""投影""渐变叠加"进行设置，参数如图 4-150 ～图 4-152 所示。其中，"斜面和浮雕"中样式为"内斜面"，深度为 100%，大小为 3 像素，高光等高线提高暗部，压低亮部，高光模式为"颜色减淡"，不透明度为 30%，阴影模式为"叠加"，颜色为深绿墨绿，不透明度为 70%，其余值默认；"投影"中混合模式为"正片叠底"，不透明度为 63%，角度为 63 度，距离为 6 像素，大小为 6 像素，其余值默认；"渐变叠加"中混合模式为"正常"，渐变为深绿到浅绿，样式为"线性"，缩放为 100%，其余选项保留默认设置。

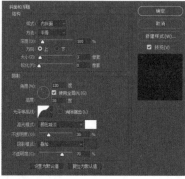

图 4-149   图 4-150   图 4-151

05 选择"ps cc 拷贝 2"图层，设置"描边""光泽"和"颜色叠加"，参数如图 4-153 ～图 4-155 所示。其中"描边"中，大小为 1 像素，位置为"内部"，不透明度为 70%，填充类型为"渐变"，缩放为 100%，其余值默认；"光泽"中，混合模式为"线性加深"，不透明度为 50%，角度为 20 度，距离为 3 像素，大小为 3 像素；"颜色叠加"中，颜色改为绿色。

06 设置完成后，按住 Shift 键将"ps cc 拷贝 2"向右侧平移数个单位，选择 ps cc 图层，按 Ctrl+T 快捷键，选择左下角控制点，向左下方拖曳文字，如图 4-156 所示，将该图层作为阴影图层；执行"滤镜"→"模糊"→"高斯模糊"命令，半径设为 2.1 像素，将阴影图层模糊处理，参数设置如图 4-157 所示。

图 4-152　　　　　　　　　图 4-153　　　　　　　　　图 4-154

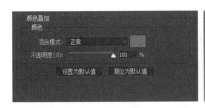

图 4-155　　　　　　　　　图 4-156　　　　　　　　　图 4-157

07 将高光素材图片置入文档，混合模式改为"滤色"，如图 4-158 所示。

08 按住 Ctrl 键，单击其中一个文字图层预览图，得到文字选区，然后新建图层，并填充任意颜色，将该图层的填充改为 0%，接着增加"斜面和浮雕"和"渐变叠加"图层样式，具体参数如图 4-159 和图 4-160 所示。其中，"斜面和浮雕"的样式为"内斜面"，深度为 100%，方向为"上"，大小为 9 像素，角度为 120 度，高光模式为"颜色减淡"，不透明度为 15%，阴影模式为"叠加"，颜色为深绿，不透明度为 40%；"渐变叠加"的不透明度为 70%，颜色为透明向白色渐变，样式为"线性"，角度为 85 度，缩放为 100%。

09 为整体图片增加"色彩平衡"调整图层，参数设置如图 4-161 ～图 4-163 所示。其中，"阴影"中青色、洋红、黄色数值依次是 20、8、-6；"中间调"中青色、洋红、黄色数值依次是 0、1、-8；"高光"中青色、洋红、黄色数值依次是 0、0、-2。

10 增加"照片滤镜"调整图层，选择"加温滤镜 (85)"，颜色为橘色，浓度为 22%，如图 4-164 所示。

11 将高光图层的位置调整一下，使用白色柔性画笔在文字的周围画一些光晕，如图 4-165 所示；在图片中输入其他文本，如图 4-166 所示。

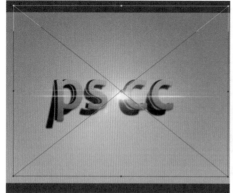

图 4-158 　　　　　　　　　　图 4-159 　　　　　　　　　　图 4-160

图 4-161 　　　　　图 4-162 　　　　　图 4-163 　　　　　图 4-164

图 4-165 　　　　　　　　　　　　　　　图 4-166

12 按 Shift+Ctrl+Alt+E 快捷键，添加盖印图层，得到一个整体图像图层，为了使画面更加精致，执行"滤镜"→"锐化"→"USM 锐化"命令，如图 4-167 所示，数量设为55%，半径设为 1.5 像素，然后将此图层的模式改为"叠加"。

13 最终效果如图 4-168 所示。

图 4-167   图 4-168

案例十一   制作水彩效果动物头像

应用：滤镜、剪贴蒙版

制作水彩效果要先提取想要添加效果的部分，进行适当调色及细节处理，再将不同的水彩素材叠加起来，后期在图像边缘位置增加一些水彩痕迹即可。

---

01 用 Photoshop CC 打开准备好的动物图片，如图 4-169 所示；使用"魔棒工具"将猫像抠出，如图 4-170 所示，按 Ctrl+J 快捷键复制图层。

图 4-169   图 4-170

02 执行"滤镜"→"滤镜库"→"艺术效果"→"水彩"命令，如图 4-171 所示；将画笔细节调为 11，阴影强度调为 5，纹理调为 1，如图 4-172 所示。

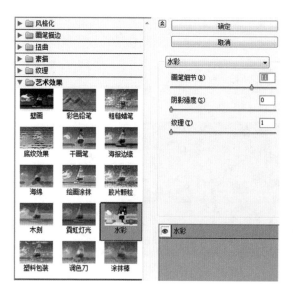

图 4-171 　　　　　　　　　　　　　　　图 4-172

03 将水彩素材置入文档中，并将混合模式改为"正片叠底"，如图 4-173 所示。

04 选择猫原图图层，执行"图像"→"调整"→"亮度 / 对比度"命令，亮度设为 150，对比度设为 100，如图 4-174 所示。

图 4-173 　　　　　　　　　　　图 4-174

05 置入一张水彩素材图片，放置在猫的原图层上方，右击，选择"创建剪贴蒙版"命令，如图 4-175 所示；将第一张水彩素材图片置于猫的复制图层上方，同样创建剪贴蒙版，如图 4-176 所示。

06 将猫的复制图层选中，执行"图像"→"调整"→"亮度 / 对比度"命令，亮度设为 -150，对比度设为 100，如图 4-177 所示。

图 4-175　　　　　　　　图 4-176　　　　　　　　图 4-177

07 将喷溅效果水彩素材置入文档，如图 4-178 所示，图层混合模式改为"正片叠底"，然后将喷溅图层复制几层，调整大小，并放置在图像边缘位置，如图 4-179 所示。

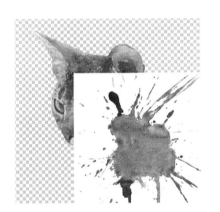

图 4-178　　　　　　　　　　　　　图 4-179

08 使用"加深工具"，将细节部位加深，如图 4-180 和图 4-181 所示。

图 4-180　　　　　　　　　　　　图 4-181

09 此时图像效果如图 4-182 所示。将喷溅图案下方的猫的身体使用"橡皮擦工具"擦除掉，如图 4-183。

图 4-182   图 4-183

⑩ 将图像处理干净后，新建白色图层，并置于最底部，如图 4-184 所示。

⑪ 进行一些细节调整，最终效果如图 4-185 所示。

图 4-184   图 4-185

第五章

滤镜应用

学习提示

　　滤镜是一种非常神奇的工具，通过它可以非常简单快速地实现想要的特殊效果。不同的滤镜任意结合，也将会出现许多不同的效果。滤镜的操作简单多样，但是如何恰到好处地处理滤镜效果却是不易的。有时，还需要配合通道和图层，才能达到理想的效果。因此，在实际操作中，除了扎实的基础以外，还需要丰富的想象力与创造力，这样才能更好地发掘Photoshop CC 的神奇功能。

扫二维码下载
本章素材文件

案例一　使用滤镜制作一个燃烧的火球特效

应用：极坐标、风格化滤镜

　　风格化滤镜主要作用于图像的像素，它可以强化图像的色彩边界，所以图像的对比度对此类滤镜的影响较大。风格化滤镜最终营造出的是一种印象派的图像效果。本案例通过使用滤镜，制作燃烧的火球特效。

　　01 新建一个800像素×800像素，分辨率为72像素/英寸的文档，执行"滤镜"→"渲染"→"云彩"命令，此时前景色为黑，背景色为白，如图5-1所示。

　　02 按Shift+Ctrl+N快捷键新建图层，执行"编辑"→"填充"命令，填充内容设为"图案"，如图5-2所示。

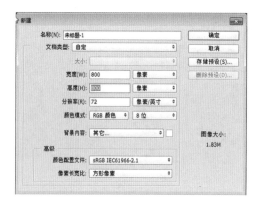

图 5-1

图 5-2

　　03 将云彩图层置于最上层，并将不透明度降低，然后按Ctrl+E快捷键合并图层，如图5-3所示。此时的效果如图5-4所示，接着执行"图像"→"调整"→"曲线"命令，增加图像的对比度，如图5-5所示。

图 5-3

图 5-4

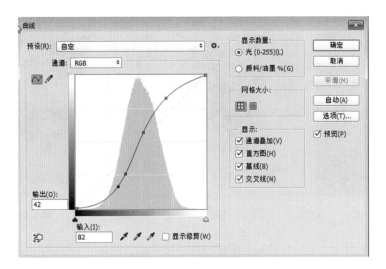

图 5-5

04 使用"椭圆工具"，按住 Shift+Alt 快捷键不放，画出一个正圆，如图 5-6 所示；然后执行"滤镜"→"扭曲"→"球面化"命令，如图 5-7 所示。

图 5-6

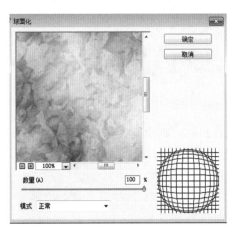

图 5-7

05 按 Ctrl+J 快捷键复制图层，并将原图层隐藏起来，如图 5-8 所示；执行"滤镜"→"扭曲"→"极坐标"命令，选中"极坐标到平面坐标"单选按钮，如图 5-9 所示。

06 执行"菜单"→"图像"→"图像旋转"→"90 度顺时针"命令，将图像旋转，如图 5-10 所示。然后执行"滤镜"→"风格化"→"风"命令，为了增加效果，"风"的命令执行两遍，如图 5-11 所示。

07 执行"滤镜"→"模糊"→"动感模糊"命令，参数如图 5-12 所示。

08 执行"图像"→"图像旋转"→"90 度逆时针"命令，将图像转回来。执行"滤镜"→"扭曲"→"极坐标"命令，选中"平面坐标到极坐标"单选按钮，如图 5-13 所示。

图 5-8

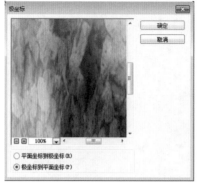

图 5-9

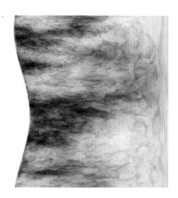

图 5-10

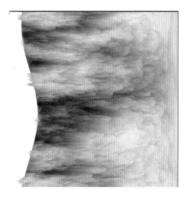

图 5-11

图 5-12

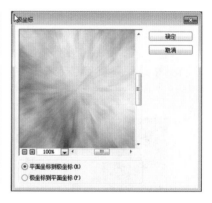

图 5-13

09 执行"图像"→"调整"→"色彩平衡"命令，分别对"阴影""中间调""高光"进行调整，具体参数如图 5-14 ~图 5-16 所示。

10 执行"图像"→"调整"→"曲线"命令，增加图像的对比度，如图 5-17 所示。寻找一个 psd 格式的火焰图案，将火焰置入文档之中，如图 5-18 所示。

11 火球效果如图 5-19 所示，使用"文字工具"为火球增加文字即可，最终效果如图 5-20 所示。

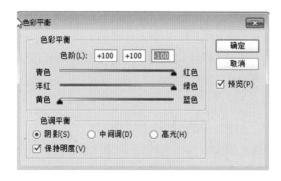

图 5-14

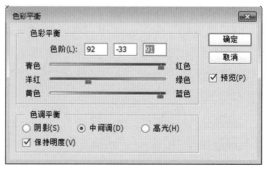

图 5-15

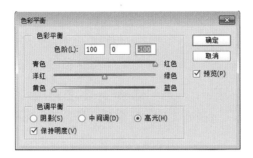

图 5-16

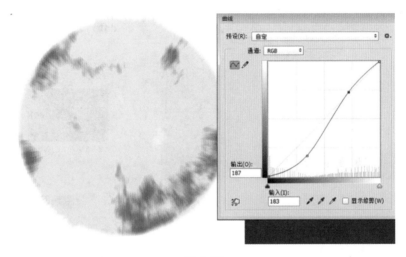

图 5-17

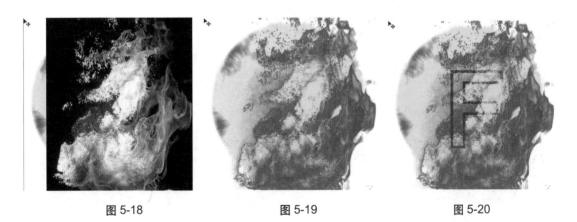

图 5-18   图 5-19   图 5-20

案例二　使用滤镜制作阳光投射效果唯美图片

应用：滤镜、径向模糊

　　制作光影投射的方法有许多，本案例将会讲解一个比较实用的方法，即使用滤镜制作阳光投射效果，制作过程主要是通过色彩范围将高光部分选出来，通过模糊制作效果光，最后再对整体进行统一色调调整。

---

01 打开要制作的素材原图，执行"选择"→"色彩范围"命令，将颜色容差设置在100～150，使用"吸管工具"选择高光区，选中"选择范围"单选按钮，如图5-21和图5-22所示。

图5-21 图5-22

02 单击"确定"按钮后，可以发现图像上出现了选区，如图5-23所示，按Ctrl+J快捷键复制选区，得到新的图层"图层1"，如图5-24所示。

图5-23 图5-24

03 保持选择"图层1"的状态下，执行"滤镜"→"模糊"→"径向模糊"命令，如图5-25所示，将径向的中心点向正上方移动，数量为71，选中"缩放"和"好"单选按钮。

04 此时图像效果如图5-26所示，为了让光线更柔和些，执行"滤镜"→"模糊"→"高斯模糊"命令，半径为3.9像素，如图5-27和图5-28所示。

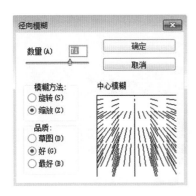

图 5-25

图 5-26

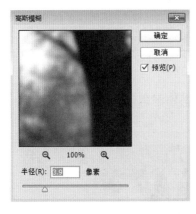

图 5-27

图 5-28

05 按住 Ctrl 键的同时单击当前的图层，再次载入选区，执行"图像"→"调整"→"曲线"命令，如图 5-29 所示，将选区内提亮，效果如图 5-30 所示。

图 5-29

图 5-30

06 按Shift+Ctrl+Alt+E快捷键添加盖印图层，执行"滤镜"→"模糊"→"高斯模糊"命令，半径为9像素，将该图层的图层样式改为"滤色"，不透明度改为20%；增加曲线调整图层，如图5-31所示，饱和度为−31，效果如图5-32所示。

图 5-31   图 5-32

07 再增加一个曲线调整图层，压低图像的暗部，具体参数设置如图5-33所示，效果如图5-34所示。

图 5-33   图 5-34

08 在最新的曲线图层中，使用黑色柔性画笔在有光线的地方进行涂抹，如图5-35所示。增加亮度/对比度调整图层，将亮度改为−1，对比度改为43，如图5-36所示。

09 选择盖印的"图层2"，使用"自由套索工具"将草地框选起来，执行"图像"→"调整"→"曲线"命令，压低草地的暗部，具体设置如图5-37所示。

10 最终效果如图5-38所示。

图 5-35　　　　　　　　图 5-36

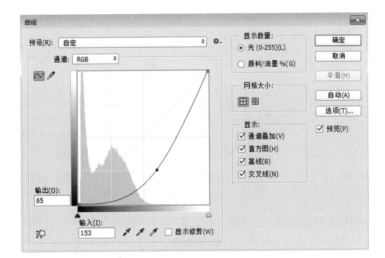

图 5-37

图 5-38

案例三　制作场景中的五彩气泡效果

应用：高斯模糊、极坐标

本案例通过讲解五彩气泡的制作，展示 PS 中镜头光晕与极坐标的应用方法。气泡是单独制作出来后再放入场景中的，制作气泡时需要考虑气泡的多彩效果以及透明度的处理。

01 新建一个 1000 像素 × 1000 像素的文档，并将背景设置为黑色，如图 5-39 所示。

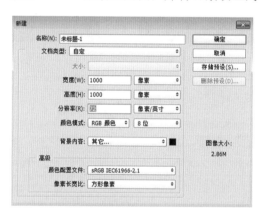

图 5-39

02 执行"滤镜"→"渲染"→"镜头光晕"命令，亮度调整为 100%，将光晕调整对准中心，如图 5-40 所示。

03 按 Ctrl+J 快捷键复制图层，执行"滤镜"→"扭曲"→"极坐标"命令，如图 5-41 所示；将复制出来的新图层再复制一层，并再次重复执行"极坐标"命令，如图 5-42 所示，此时可以看到画面效果如图 5-43 所示。

图 5-40

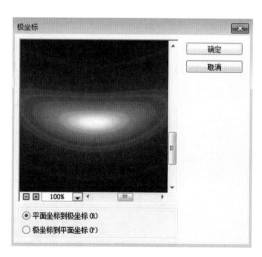

图 5-41

图 5-42

图 5-43

04 再新建一个 1000 像素 ×1000 像素的文档，背景色为黑色，如图 5-44 所示。

图 5-44

05 按 Shift+Ctrl+N 快捷键新建一个图层，使用"椭圆选框工具"画一个圆形选区当作气泡原型。画圆时要按住 Shift 键和 Alt 键以保证画出正圆形，如图 5-45 所示。

06 将黑色背景图层隐藏起来，然后把第一个文档中所做的光晕图片 (最上层) 使用"移动工具"置入现在的文档中，降低光晕图层的不透明度，以方便将光晕图层正好放置在气泡原型上，如图 5-46 和图 5-47 所示。

图 5-45

图 5-46

07 右击光晕图层，选择"创建剪贴蒙版"命令，此时图形如图 5-48 所示。

08 选择光晕图层，执行"滤镜"→"模糊"→"高斯模糊"命令，如图 5-49 所示，半径为 4.5 像素；更改光晕的颜色，执行"图像"→"调整"→"色相 / 饱和度"命令，将光晕调整一个颜色，并放置在边缘位置，如图 5-50 和图 5-51 所示。至此，第一个光晕就制作完成。

09 一个气泡上一般需要有 4 个光晕，因此，使用同样的方法制作出其他 3 个光晕，注意，要分别调整不同的颜色与位置，如图 5-52 所示。4 个光晕均完成后的效果如图 5-53 所示。

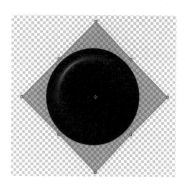

图 5-47

图 5-48

图 5-49

图 5-50

图 5-51

图 5-52

10 接下来要制作气泡的高光，返回第一个文档，将第一个复制的光晕图层拖入现在的气泡文档中，调整好高光的位置，如图 5-54 所示。

11 执行"滤镜"→"模糊"→"高斯模糊"命令，半径为 7 像素，如图 5-55 所示；执行"图像"→"调整"→"色相 / 饱和度"命令，调整高光的颜色，如图 5-56 所示。

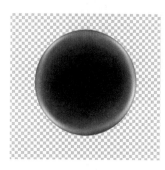

图 5-53

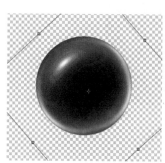

图 5-54

图 5-55

12 气泡制作完成，效果如图 5-57 所示。

13 重新打开场景素材图片，将制作好的气泡的各个图层整体置入图片中，并多复制出一些气泡，大小不一即可，然后根据场景的环境色彩，使用"橡皮擦工具"对气泡进行适当擦除，最终效果如图 5-58 所示。

图 5-56　　　　　　　　图 5-57　　　　　　　　图 5-58

案例四　制作冰封城市效果海报

应用：风格化滤镜

Photoshop 中，风格化滤镜通过置换像素和通过查找并增加图像的对比度，在选区中生成想要的效果。它完全模拟真实艺术手法进行创作。本案例将使用滤镜风格化中的"风"进行冰封效果创作。

01 打开素材图片，按 Ctrl+J 快捷键复制背景图层，如图 5-59 和图 5-60 所示。

图 5-59　　　　　　　　　　　　　　　图 5-60

02 执行"图像"→"调整"→"去色"命令，将图片变为黑白色，如图5-61所示；然后，再把黑白图层复制一层，执行"滤镜"→"风格化"→"照亮边缘"命令，具体参数如图5-62所示。

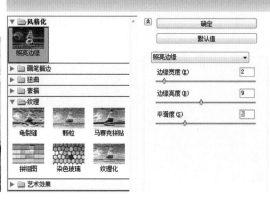

图 5-61

图 5-62

03 将复制的"图层1拷贝"图层的混合模式更改为"滤色"，如图5-63所示。

04 按Shift+Ctrl+Alt+E快捷键添加一个盖印图层，执行"图像"→"图像旋转"命令，选择"顺时针90度"，然后执行"滤镜"→"风格化"→"风"命令，如图5-64所示，方法选中"风"单选按钮，方向选中"从右"单选按钮。为了增强风的效果，以上操作再进行一遍，如图5-65所示。

05 执行"图像"→"图像旋转"→"逆时针90度"命令，图片旋转回来，混合模式更改为"浅色"，如图5-66所示。

图 5-63

图 5-64

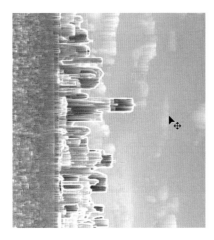

图 5-65   图 5-66

06 创建色相／饱和度图层，具体参数设置如图 5-67 所示。

07 将准备好的雪地素材图片使用移动工具拖曳进文档中，按 Ctrl+T 快捷键调整大小，然后添加图层蒙版，如图 5-68 所示；选择蒙版视口，使用黑色画笔工具，调整降低画笔的不透明度，在不需要的部分涂抹。

图 5-67   图 5-68

08 再准备云彩图片并置入文档，调整图片大小后，添加该图层蒙版，在蒙版视口处，使用黑色画笔工具，调整降低画笔工具的不透明度，在建筑物身上进行涂抹，如图 5-69 和图 5-70 所示。

09 执行"图像"→"调整"→"色相／饱和度"命令，对"色相"与"饱和度"分别进行微微调整，使天空颜色与整体环境搭配和谐，参数如图 5-71 所示。

10 创建照片滤镜调整图层，滤镜选择"冷却滤镜"，浓度选择 10，如图 5-72 和图 5-73 所示。

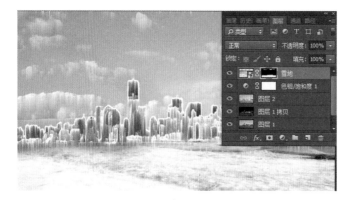

图 5-69　　　　　　　　　　　　　　　图 5-70

图 5-71

图 5-72

图 5-73

11 使用"文字工具",为图片增加气氛,最终海报效果如图 5-74 所示。

图 5-74

案例五　给人脸合成帅气涂鸦效果

应用:扭曲滤镜

扭曲滤镜是 Photoshop 中"滤镜"菜单中所列 12 种滤镜中的一种。这一系列的滤镜都是利用几何原理对图像进行变形,以创造三维效果。每一个滤镜都将产生不同的效果,本案例以扭曲滤镜为例,讲解如何使用滤镜进行图像变形与制作。

01 打开人物脸部素材图片,选择"背景"图层,右击,选择"转化为智能对象"命令,如图 5-75 和图 5-76 所示。

图 5-75

图 5-76

02 单击"图层"面板右上角的按钮，选择"复制图层"命令，将文档选为"新建"，名称任意，此处为 Displacement，如图 5-77 ~ 图 5-79 所示。

图 5-77　　　　　　　　　　　　图 5-78　　　　　　　　　　　　图 5-79

03 可以看到多了一个新建窗口 Displacement。选择 Displacement 图层，执行"滤镜"→"模糊"→"高斯模糊"命令，将半径设为 3 像素，如图 5-80 所示。

04 为该图层创建黑白调整图层，参数设置默认不变，如图 5-81 所示。

05 将 Displacement 文档存储为 PSD 格式文件，然后关闭该窗口。回到之前的文档，使用"快速选择工具"，将人物脸部轮廓勾选下来，如图 5-82 所示。

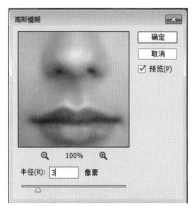

图 5-80　　　　　　　　　　　　图 5-81　　　　　　　　　　　　图 5-82

06 打开"调整边缘"对话框，对边缘进行调整。然后在额头发际线处进行涂抹，完成后将输出到设为"图层蒙版"，如图 5-83 ~ 图 5-85 所示。

07 此时图片效果如图 5-86 所示。

08 创建黑白调整图层，用左键按住"图层 0"不放，如图 5-87 所示，拖到"黑白 1"图层上，替换图层蒙版，如图 5-88 所示。

09 选择"黑白 1"蒙版，使用黑色笔刷工具，在人物眼睛部位涂抹，让眼睛恢复颜色，如图 5-89 所示。

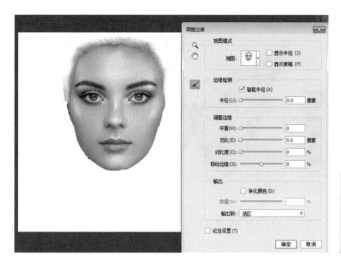

图 5-83　　　　　　　　　　　　　　　　图 5-84

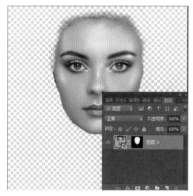

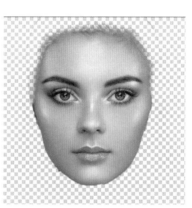

图 5-85　　　　　　　　　　　图 5-86　　　　　　　　　　图 5-87

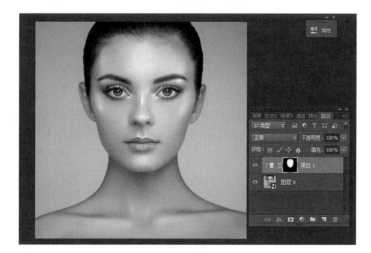

图 5-88

10 打开素材图片，将其转化为智能对象，如图 5-90 所示。

图 5-89 图 5-90

11 将该图层拖入人物文档中，将不透明度调整为 30%，并调整图片位置，如图 5-91 所示和图 5-92 所示。

12 选择"图层 1"，选择"滤镜"→"扭曲"→"球面化"命令，将数量设为 78%，图片微微弯曲，如图 5-93 所示。

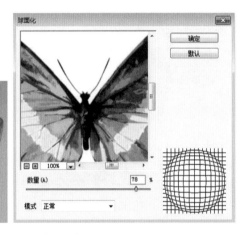

图 5-91 图 5-92 图 5-93

13 按 Ctrl+T 快捷键，对图像进行变形，变形时，按住 Alt 键，分别将左右向中间移动，直到视觉上蝴蝶图案是贴在脸上的即可，如图 5-94 所示。

14 选择"图层 1"，将不透明度调整为 50%，图层混合模式改为"颜色加深"，如图 5-95 所示。

15 选择"图层 1"，执行"滤镜"→"扭曲"→"置换"命令，置换参数如图 5-96 所示，然后将之前保存起的 Displacement 选中，打开即可，如图 5-97 所示。

图 5-94

16 选择"黑白 1"图层蒙版，按住 Alt 键不放，将它拖到"图层 1"上，单击"是"按钮，如图 5-98 和图 5-99 所示。

图 5-95 图 5-96

图 5-97

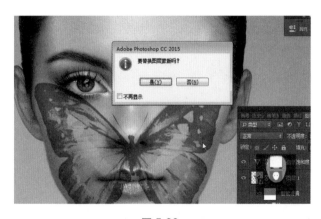

图 5-98 图 5-99

17 给"图层 1"增加"自然饱和度"调整图层，将"黑白 1"的蒙版拖到"自然饱和度"图层上，打开"属性"面板，数值设置如图 5-100 所示。最终效果如图 5-101 所示。

图 5-100

图 5-101

案例六　制作彩铅细腻素描效果女生照片

应用：滤镜库

　　滤镜具有强大的处理功能，可以利用它来实现很多好看的效果，尤其能够快速直观地帮助我们改变图片风格。要想得到理想的处理结果，除了平常的美术功底之外，还需要用户对滤镜非常熟悉，以及操控能力，甚至需要具有很丰富的想象力。本案例讲解了如何使用滤镜制作彩铅素描效果人物图片。

01 打开素材图片，按 Ctrl+J 快捷键复制"背景"图层，如图 5-102 和图 5-103 所示。

图 5-102

图 5-103

02 选择复制图层"图层 1"，执行"图像"→"调整"→"反向"命令，右击，在弹出的快捷菜单中选择"转换为智能对象"命令，如图 5-104 所示。

图 5-104

03 选择"滤镜"→"模糊"→"高斯模糊"命令，将半径值改为 40 像素，如图 5-105 所示。

04 将复制图层"图层 1"的图层混合模式更改为"颜色减淡"，这时可以看出画面具有了一些纹理效果，如图 5-106 所示。

05 右击新建调整图层，选择"色阶"命令，将参数进行更改，使画面微微变深，具体参数如图 5-107 所示。

06 再一次新建调整图层，选择"黑白"命令，画面变为黑白色，素描效果初显现，如图 5-108 所示。

图 5-105

07 按 Ctrl+A 快捷键全选图像，再选择背景副本图层"图层 1"，执行"编辑"→"合并拷贝"命令，如图 5-109 所示。按 Ctrl+V 快捷键得到背景副本图层"图层 2"，并将"图层 2"置于最顶端，如图 5-110 所示。

08 对"图层 2"执行"滤镜"→"滤镜库"→"风格化"→"照亮边缘"命令，将"边缘宽度"值设为 1，"边缘亮度"和"平滑度"的值调为最大，如图 5-111 所示。

09 执行"图像"→"调整"→"反相"命令，如图 5-112 所示；将图层混合模式改为"叠加"，并将不透明度调到 50% ～ 60%，如图 5-113 所示。

10 按 Shift+Ctrl+N 快捷键新建图层，执行"编辑"→"填充"命令，给图层填充白色，执行"滤镜"→"纹理"→"纹理化"命令，将纹理样式选为"砂岩"，如图 5-114 所示。

11 将图层的混合模式改为"叠加"，将不透明度下调为 52%，如图 5-115 所示。

12 为了重新得到图片色彩，在"图层"面板上，单击"黑白 1"图层前方眼睛图案，将该图层隐藏即可，如图 5-116 所示。

图 5-106

图 5-107

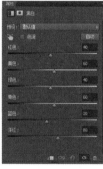

图 5-108

图 5-109

图 5-110

图 5-111

图 5-112

图 5-113

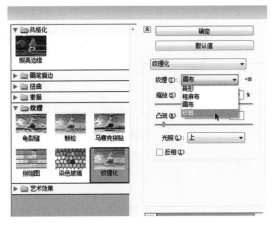

图 5-114

图 5-115

图 5-116

13 最终效果如图 5-117 所示。

图 5-117

案例七　制作风化人物图片

应用：液化滤镜

　　液化滤镜可用于"推""拉""旋转""反射""折叠"和"膨胀"图像的任意区域。本案例将使用液化滤镜来制作。

01 使用 Photoshop CC 打开人物图像，如图 5-118 所示，然后将背景图层转化为普通图层，按 Shift+Ctrl+N 快捷键，新建图层，并置于最底层，如图 5-119 所示。

图 5-118　　　　　　　　　　　　　　　图 5-119

02 由于人物边缘完整分明，所以可以使用"魔棒工具"，将白色背景选中，按 Delete 键删除，留下人像部分备用，如图 5-120 和图 5-121 所示。

图 5-120

图 5-121

03 新建背景图层，执行"编辑"→"填充"命令，填充一种适宜的颜色即可，如图5-122所示。

04 将人物图层复制一层，得到"人物 拷贝"图层，选择原本的"人物"图层，执行"滤镜"→"液化"命令，画笔大小设为206，压力设为100，对人物的左侧部分进行横向拉伸，如图5-123和图5-124所示。

图 5-122

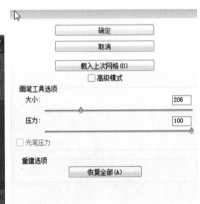

图 5-123

图 5-124

05 给"人物"图层增加一个蒙版，并执行"编辑"→"填充"命令，填充黑色，然后给"人物 拷贝"图层增加一个蒙版，默认白色即可，如图5-125所示。

06 选择"画笔工具"里的喷溅笔刷，使用白色画笔在黑色蒙版上绘制。需要注意的是，用喷溅笔刷时要注意尽量使用画笔的尾部去涂抹，这样的效果会比较细碎而明显。如果画笔较大，细节就会比较粗糙。最终效果如图5-126所示。

图 5-125

图 5-126

案例八　制作古典清雅园林人物图像

应用：滤镜库

本案例主要针对如何营造照片氛围，运用画笔工具去实现场景意境，学会把控照片明暗，接下来将对制作方法进行详细讲解。

<hr>

01 将原图置入文档，然后对人像进行简单处理，如图 5-127 所示。

图 5-127

02 将事先准备好的纹理素材置入文档，如图 5-128 所示，调整好大小，然后将图层模式改为"正片叠底"，如图 5-129 所示。这一步骤主要是提取素材中的基调色。

03 为了使照片纹理更加清晰，增加照片中的颗粒感，可以执行"滤镜"→"滤镜库"→"颗粒"命令，强度设为 19，对比度设为 58，如图 5-130 所示。

图 5-128   图 5-129

图 5-130

04 为了达到我们想要的效果，需要增加可选颜色调整图层，当颜色设为"红色"，下方的青色、洋红、黄色和黑色依次设为7、0、0、0；当颜色设为"黄色"，下方的青色、洋红、黄色和黑色依次设为 –27、–28、–100、0；当颜色设为"绿色"，下方的青色、洋红、黄色和黑色依次设为 –100、80、–100、100，具体如图 5-131 ~ 图 5-133 所示。

05 观察此时图片的整体效果，可以再次增加可选颜色调整图层，具体设置如图 5-134 和图 5-135 所示。此时图像效果如图 5-136 所示。

06 增加曲线调整图层来增加图像的对比度，如图 5-137 所示，提高亮部，压低暗部，效果如图 5-138 所示。

图 5-131

图 5-132　　　　　　图 5-133　　　　　　图 5-134

图 5-135　　　　　　　　　图 5-136

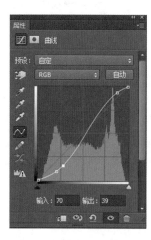

图 5-137　　　　　　　　　图 5-138

07 增加色阶调整图层，调整亮部，具体设置值如图 5-139 所示。

08 为了使图像有较大明暗对比，再次使用曲线增加对比度，如图 5-140 所示；选择蒙版图层，使用不透明度为 15% 的画笔在人物区域涂抹，将人物颜色擦出来，如图 5-141 所示。

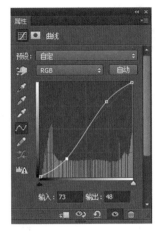

图 5-139　　　　　　　　　　图 5-140　　　　　　　　　　图 5-141

09 此时图像效果如图 5-142 所示。

图 5-142

10 再次增加曲线调整图层，曲线设置如图 5-143 所示，效果如图 5-144 所示。

11 制作烟雾效果，使用"画笔工具"在画面中适宜地增加烟雾，注意疏密关系，如图 5-145 所示。

12 通过曲线调整图层进一步进行调整，这次是增加画面灰度，降低亮部提高暗部，如图 5-146 所示。

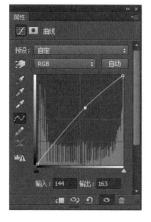

图 5-143

图 5-144

图 5-145

图 5-146

13 最终效果如图 5-147 所示。

图 5-147

案例九　制作场景海滨城市手绘效果图片

应用：干画笔滤镜

Photoshop 中的干画笔滤镜属于艺术效果滤镜中的一个子滤镜，该滤镜能模仿使用颜料快用完的毛笔笔迹进行制作，笔迹的边缘断断续续，若有若无，产生一种干枯的油画效果。本案例主要利用该滤镜来制作手绘效果图。

01 准备一张风景美丽的海滨城市鸟瞰图，将图片置入软件中，如图 5-148 所示。

图 5-148

02 按 Ctrl+J 快捷键将"背景"图层复制一层，如图 5-149 所示；执行"滤镜"→"模糊"→"特殊模糊"命令，半径值调为 5，阈值调为 30，品质设置为高，如图 5-150 所示。

03 针对该图层，执行"滤镜"→"滤镜库"→"干画笔"命令，画笔大小为 2，画笔细节为 10，纹理为 1，如图 5-151 所示。

图 5-149

04 将"背景"图层复制一层，并放置到最顶层，执行"滤镜"→"滤镜库"→"绘画涂抹"命令，画笔大小为 3，锐化程度为 13，如图 5-152 所示。

05 将刚调整好的图层混合模式设置为"线性减淡"，如图 5-153 所示，不透明度为72%，如图 5-154 所示。

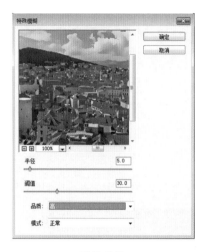

图 5-150

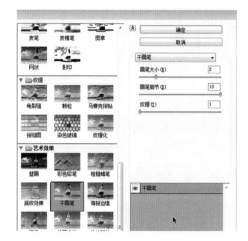

图 5-151

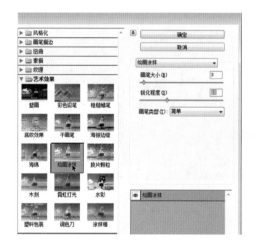

图 5-152

图 5-153

06 如图 5-155 所示，创建纯色调整图层；将该图层的不透明度调为 30%，如图 5-156 所示。

图 5-154   图 5-155   图 5-156

07 按 Ctrl+J 快捷键复制背景图层，执行"图像"→"调整"→"去色"命令，再次复制当前图层，按 Ctrl+I 快捷键反向选择，如图 5-157 所示。

08 如图 5-158 所示，执行"滤镜"→"其他"→"最小值"命令，按 Ctrl+E 快捷键向下合并图层；将图层混合模式调整为"正片叠底"，如图 5-159 所示。

09 选择干画笔效果图层，执行"图像"→"调整"→"可选颜色"命令，如图 5-160 所示，对颜色进行调整，完成之后按 Shift+Ctrl+Alt+E 快捷键添加盖印图层。

图 5-157   图 5-158

图 5-159   图 5-160

10 最终效果如图 5-161 所示。

图 5-161

案例十 将风景图片转为油画效果

应用：滤镜库、图层模式

将风景图片转为油画效果的操作其实非常简单，主要使用了两个应用，一个是滤镜，另一个是图层模式。下面将会讲解如何使用 Photoshop 将图片转化为油画效果。

01 准备一张风景图片，如图 5-162 所示，执行"文件"→"打开"命令，将图片置入文档；按 Ctrl+J 快捷键，将"背景"图层复制，如图 5-163 所示。

图 5-162

图 5-163

02 添加"色相 / 饱和度"与"亮度 / 对比度"图层，设置参数可参考图 5-164 和图 5-165 所示。

03 将背景副本图层置于最上层，按 Shift+Ctrl+Alt+E 快捷键添加盖印图层，如图 5-166 所示。

图 5-164　　　　　　　　　图 5-165　　　　　　　　　图 5-166

04 增加滤镜效果，执行"滤镜"→"滤镜库"→"艺术效果"→"塑料包装"命令，参数如图 5-167 所示。

05 重复执行上一个"塑料包装"命令，进行"绘画涂抹""纹理化""玻璃"设置，具体参数如图 5-168 ～图 5-170 所示，完成之后单击"确定"按钮即可。

06 复制"背景"图层，并移动到最上层，如图 5-171 所示，然后执行"图像"→"调整"→"黑白"命令，参数保留默认设置即可，效果如图 5-172 所示。

图 5-167　　　　　　　　　　　　图 5-168

图 5-169　　　　　　　　　　　　　　　图 5-170

图 5-171　　　　　　　　　　　　　　　图 5-172

07 执行"滤镜"→"风格化"→"浮雕"命令，参数设置如图 5-173 所示。调整完成后，将混合模式更改为"亮光"，如图 5-174 所示。

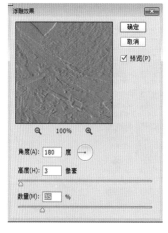

图 5-173　　　　　　　　　　　　　　　图 5-174

08 最终效果如图 5-175 所示。

图 5-175

案例十一　给图片增加下雨效果

应用：高斯模糊、动感模糊

滤镜中的模糊命令主要是使选区与图像变得柔和，淡化图像中不同色彩的边界，以达到掩盖图像缺陷或制造特殊效果的目的。本案例以高斯模糊和动感模糊为例，制作下雨场景效果。

01 将要制作的素材图片置入文档中去，执行"文件"→"打开"命令，如图 5-176 所示。

图 5-176

02 按 Shift+Ctrl+N 快捷键，新建图层，执行"编辑"→"填充"命令，给新建图层填充灰色，如图 5-177 所示。

03 执行"滤镜"→"杂色"→"添加杂色"命令，将数量调整为 80%，选中"平均分布"单选按钮，如图 5-178 所示。

图 5-177   图 5-178

04 执行"滤镜"→"模糊"→"动感模糊"命令，将角度调整为 60 度，距离为 10 像素，如图 5-179 所示。

05 将该图层混合模式设置为"滤色"，效果如图 5-180 所示。

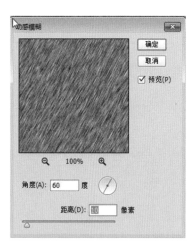

图 5-179   图 5-180

06 对图片进行细微调整，使整个画面效果看起来更加真实。执行"图像"→"调整"→"色阶"命令，参数设置如图 5-181 所示。

07 将图层的不透明度进行降低调整，如图 5-182 所示，然后执行"滤镜"→"模糊"→"高斯模糊"命令，将半径设置为 2 像素，如图 5-183 所示。

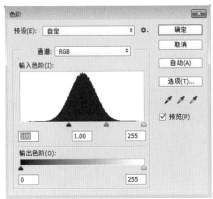  

图 5-181　　　　　　　　　图 5-182　　　　　　　　　图 5-183

08 将图层的不透明度降低，可使用"画笔工具"为图像增加一些白色小点，最终效果如图 5-184 所示。

图 5-184

案例十二　使用 PS 制作彩色魔幻球

应用：极坐标滤镜、扭曲滤镜

　　Photoshop 的极坐标滤镜是非常有趣的，而且是非常有用的，通过转变坐标的形式来达到扭曲的效果，可以快速地把直线变为环形，把平面图转为有趣的球体。如果再为变形画面加入一些装饰素材，适当地加工和美化，这样设计出来的画面效果会更加精美。本案例将详细讲解如何使用极坐标制作一个魔幻球。

01 准备一张五彩闪电的图片，执行"文件"→"打开"命令，将准备好的素材图片置入画布中，如图 5-185 所示。

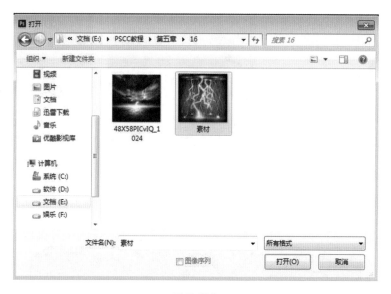

图 5-185

02 执行"滤镜"→"渲染"→"镜头光晕"命令，亮度保持默认值，镜头类型选择 35 毫米聚焦。为了增加光晕效果，将上述"镜头光晕"命令再进行一次，如图 5-186 所示。

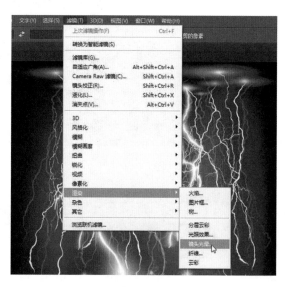

图 5-186

03 使用"裁剪工具"，将图片的四边裁剪掉一点，如图 5-187 所示。执行"滤镜"→"扭曲"→"极坐标"命令，选中"平面坐标到极坐标"单选按钮，然后单击"确定"按钮，如图 5-188 所示。

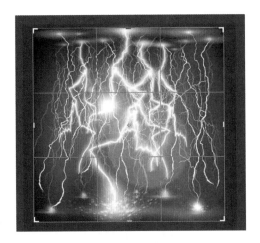

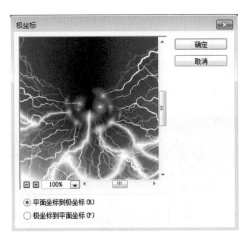

图 5-187   图 5-188

04 使用"椭圆工具",按住 Shift+Alt 快捷键,画出一个和图片球体大小差不多的正圆形,如图 5-189 所示;按 Ctrl+J 快捷键,得到复制图层,如图 5-190 所示。

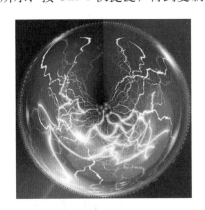

图 5-189   图 5-190

05 将前景色设置为深灰色,选择"画笔工具",使用硬度小的柔性笔刷,将球体上半部分明显的分界线涂抹掉,如图 5-191 所示。然后将该图层的混合模式更改为"叠加",如图 5-192 所示。

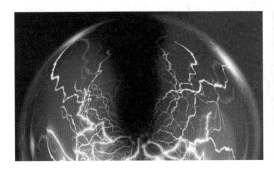

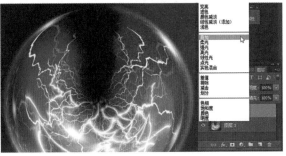

图 5-191   图 5-192

06 此时效果如图 5-193 所示。

07 执行"滤镜"→"模糊"→"高斯模糊"命令，半径设置为27像素，如图 5-194 所示。

08 执行"滤镜"→"扭曲"→"旋转扭曲"命令，将角度设置为210度，如图 5-195 所示。然后按 Ctrl+J 快捷键复制该图层。

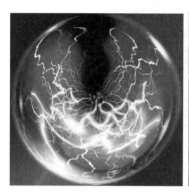
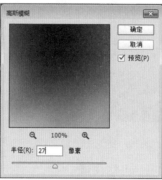
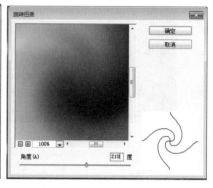

图 5-193   图 5-194   图 5-195

09 将新复制出的图层混合模式改为"强光"，不透明度设置为69%，如图 5-196 所示。

10 魔幻球的效果基本完成，然后再进行色彩微调，效果如图 5-197 所示。创建"色相/饱和度"调整图层，提高饱和度，如图 5-198 所示。

11 最终效果如图 5-199 所示。

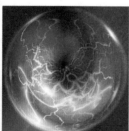

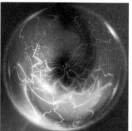

图 5-196   图 5-197   图 5-198   图 5-199

案例十三   制作点状人物照片效果

应用：通道、滤镜

滤镜产生的复杂数字化效果源自于摄影技术，滤镜不仅可以改善图像的效果，而且可以掩盖图像的缺点，此外，还可以在原有图像的基础上产生许多特殊效果。本案例将介绍利用滤镜制作点状人物图片。

01 打开素材图片，对图片进行裁剪调整，如图 5-200 所示。

02 选择"通道"面板，在四个通道中，选择一个对比最不强烈的通道，这里选择红色通道，右击，选择"复制通道"命令，如图 5-201 所示。

图 5-200   图 5-201

03 执行"图像"→"调整"→"色阶"命令，增大图像的对比度，参数如图 5-202 所示。

04 单击"通道"面板最下方左侧的第一个"通道载入选区"按钮，选择 RGB 通道，返回图层，如图 5-203 所示。

图 5-202   图 5-203

05 执行"图像"→"调整"→"反向"命令，单击"增加图层蒙版"按钮，如图 5-204 所示。

06 选择图像的缩览图，执行"滤镜"→"像素化"→"彩色半调"命令，如图 5-205 所示，按 Shift+Ctrl+N 快捷键新建图层，如图 5-206 所示，再执行"编辑"→"填充"命令，给图层填充白色。将白色图层置于最底层，如图 5-207 所示。

图 5-204 图 5-205

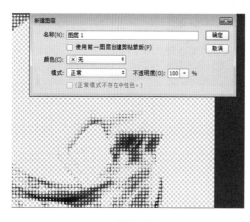

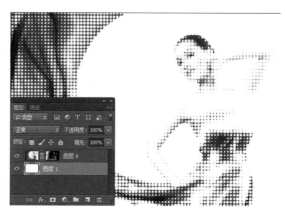

图 5-206 5-207

07 选择人物图层，执行"图像"→"调整"→"色相 / 饱和度"命令，调整图像的整体色调，如图 5-208 所示。

图 5-208

08 最终效果如图 5-209 所示。

图 5-209

案例十四　制作江南水乡水墨风格图片

水墨画具有干湿结合、虚实有度的特点，通过颜色的自然晕染形成一幅美丽的画卷。本案例将以江南水乡为例，讲解如何将实景照片转化为水墨风格图片。

01 将要处理的图片拖曳进 Photoshop 中，按 Ctrl+J 快捷键复制"背景"图层，如图 5-210 所示。

图 5-210

02 为了使图片效果更加接近水墨画，首先要增加图片的对比度，如图 5-211 所示，执行"图像"→"调整"→"曲线"命令，压低暗部，提高亮部，效果如图 5-212 所示。

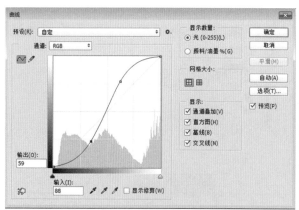

图 5-211

图 5-212

03 执行"图像"→"调整"→"色阶"命令，具体设置如图 5-213 所示，效果如图 5-214 所示。

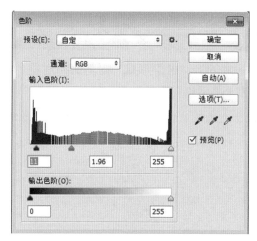

图 5-213

图 5-214

04 给画面增加一点淡青色，执行"图像"→"调整"→"色彩平衡"命令，具体设置如图 5-215 所示。

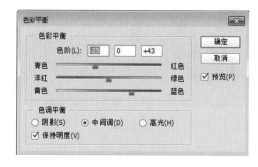

图 5-215

05 执行"滤镜"→"滤镜库"→"素描"→"图章"命令，将"明/暗平衡"改为2，"平滑度"改为2，如图5-216所示。单击"确定"按钮后返回"图层"面板，将图层混合模式改为"正片叠底"，此时画面已可以看出来一些水墨效果，如图5-217所示。

图 5-216　　　　　　　　　　　　　　图 5-217

06 将图像的颜色褪掉，执行"图像"→"调整"→"去色"命令，如图5-218所示；然后执行"滤镜"→"滤镜库"→"绘画涂抹"命令，"画笔大小"设为4，"锐化程度"设为2，如图5-219所示。

图 5-218　　　　　　　　　　　　　　图 5-219

07 新建图层，执行"滤镜"→"渲染"→"云彩"命令，如图5-220所示，并将该图层置于最顶层，图层模式改为"亮光"，不透明度改为50%，如图5-221所示。

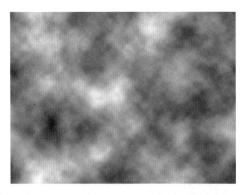
图 5-220

图 5-221

08 此时效果如图 5-222 所示。

09 按 Shift+Ctrl+Alt+E 快捷键添加盖印图层，然后增加"色彩平衡"调整图层，色调选择"中间调"，依次将青色、洋红、黄色设为 -40、-14、-17，如图 5-223 所示。

图 5-222

图 5-223

10 使用"文字工具"在图像右上角输入文字，最终效果如图 5-224 所示。

图 5-224

第六章

神奇的 3D 功能

学习提示

随着科学技术的不断进步与更新，Photoshop 的三维功能应运而生，通过建立二维图形，在这个基础上延伸出三维图形，从编辑纹理到实物模型，Photoshop 完美结合了两个维度，成为三维设计领域中的杰出代表。

扫二维码下载
本章素材文件

案例一　使用 3D 工具制作立体台球

应用：从图层新建网格

　　本案例使用 Photoshop CC 中的 3D 工具对模型外观进行设置，以增加真实感。操作方法是首先制作台球上的图案与文字，然后使用 3D 工具将其变成立体图形，通过纹理设置增加台球质感。

　　01 新建文档，如图 6-1 所示，大小为 600 像素 ×400 像素，执行"编辑"→"填充"命令，对背景填充绿色，再按 Shift+Ctrl+N 快捷键新建图层，并填充蓝色，如图 6-2 和图 6-3所示。

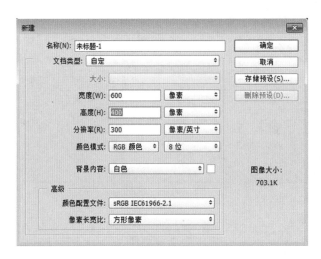

图 6-1

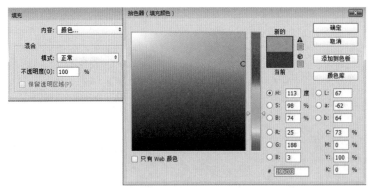

图 6-2　　　　　　　　　　　　　　　　　　　　图 6-3

　　02 使用"矩形选框工具"，在图层 1 的上边绘制矩形，并填充白色，使用"移动工具"将选区向下移动到底部，再填充一次白色，效果如图 6-4 所示。

03 按 Shift+Ctrl+N 快捷键新建图层，使用"椭圆选框工具"，按住 Alt 键，绘制一个正圆选区，选区的大小不可超过蓝色矩形，填充白色，如图 6-5 所示。

图 6-4 图 6-5

04 使用"文字工具"在圆形的中间输入数字 11，字体颜色为深蓝色，如图 6-6 所示。

05 将文字、圆形、矩形 3 个图层的位置调整到一个水平线上，按住 Ctrl 键不放，选择文字和圆形两个图层，按 Ctrl+T 快捷键，将图形变窄，如图 6-7 所示。

图 6-6 图 6-7

06 将图层 1、图层 2、文字图层全部选中，执行 3D →"从图层新建网格"→"网格预设"→"球体"命令，程序自动将图形生成球体，如图 6-8 所示。再使用"旋转工具"对球体角度进行调整。

07 切换到光源，类型选择"无限光"，设置参数，强度为 84%，阴影柔和度为 61%，如图 6-9 所示。

08 回到 3D 面板，如图 6-10 所示，选择球体材质。更改材质设定，反射为 23%，凹凸为 16%。"材质"选项板如图 6-11 所示。此时台球质感初见雏形。

09 为了进一步增加真实感，需要增加场景反射，单击右下角的"环境"图标，在下拉菜单中选择"载入纹理"，将台球厅图片（见图 6-12）载入，台球上出现了环境图案，效果如图 6-13 所示。

图 6-8　　　　　　　　　　　图 6-9　　　　　　　　　　　图 6-10

图 6-11　　　　　　　　　　图 6-12　　　　　　　　　　图 6-13

10 回到"图层"面板，按 Ctrl+J 快捷键将台球图层复制一层，双击副本图层，再选择"图层"面板下方的"创建新图层"图标，自动切换到新的文档。在这个新的文档中，将蓝色矩形的颜色改为黄色，数字改为 12，如图 6-14 所示。

11 完成后返回之前的文档，可以发现，刚才复制出的另一个台球已经变色，数字也发生改变，如图 6-15 所示。

12 分别对两个台球的图层右击并在弹出的快捷菜单中选择"转化为智能对象"命令后，"图层"面板如图 6-16 所示。按 Ctrl+T 快捷键，将其中一个台球缩小。

图 6-14　　　　　　　　　　图 6-15　　　　　　　　　　图 6-16

13 最终效果如图 6-17 所示。

图 6-17

案例二　炫酷立体砖墙字体制作

应用：从所选图层新建 3D 模型、蒙版

Photoshop CC 不仅可以用来制作立体图形，而且可以用来给不同的面赋予不同的材质，所以 Photoshop CC 用于制作字体效果时十分理想。本案例以砖墙为例，制作炫酷的字体效果。

01 新建文档，如图 6-18 所示，大小为 1024 像素 ×768 像素；使用"文字工具"在文档中输入文字，按 Ctrl+T 快捷键对文字进行调整变形，如图 6-19 和图 6-20 所示。

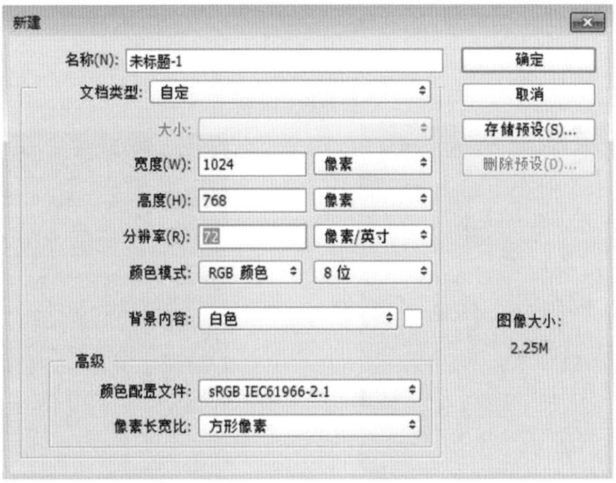

图 6-18

02 将文字转化为立体效果，执行 3D →"从所选图层新建 3D 模型"命令，此时文字已经初见效果，如图 6-21 所示。

图 6-19   图 6-20   图 6-21

03 使用"3D 模式"里的工具，如图 6-22 所示，对字体角度进行调整，使字体出现一种从下方冒出来的视觉效果，如图 6-23 所示。

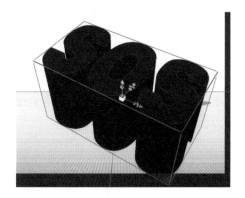

图 6-22   图 6-23

04 双击 3D 面板里的 SOS，弹出"属性"面板，将凸出深度设置为 190 ～ 200 厘米即可，如图 6-24 所示。

05 选择"SOS 凸出材质"，如图 6-25 所示，在"属性"面板中，单击"漫射"后边的小文件按钮 (见图 6-26)，选择准备好的砖墙贴图，单击"打开"按钮，材质被附到图像中。

图 6-24   图 6-25

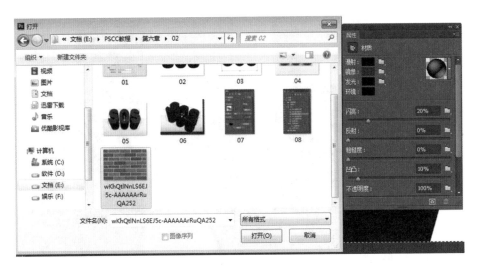

图 6-26

06 材质虽然已经附在字体上，但是还需调整比例，如图 6-27 所示，再次单击"漫射"后边的小文件按钮，选择"编辑 UV 属性"，将"平铺"选项组中的 U/X 设为 20 ~ 25，V/Y 设为 3，如图 6-28 所示。

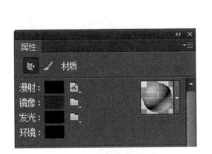

图 6-27

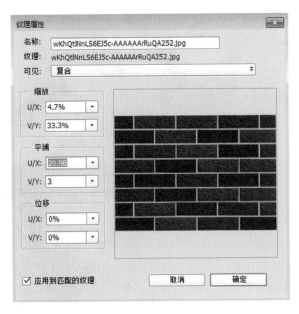

图 6-28

07 字体侧面的砖墙效果如图 6-29 所示。

08 字体顶面仍处于无材质状态，接下来给顶面赋材质效果。双击 3D 面板中 SOS 下的"SOS 前膨胀材质"前方的按钮，打开"属性"面板，如图 6-30 所示；单击"漫射"后面的小文件按钮，将准备好的水泥贴图选中置入图像之中，如图 6-31 所示。

图 6-29

图 6-30

图 6-31

09 同文字侧面的设置方法一样，再次对顶面材质进行"编辑 UV 属性"的设置，如图 6-32 所示，"平铺"选项组中，U/X 为 1，V/Y 为 0.31。

10 回到"属性"面板，单击"凹凸"后边的文件按钮，再次选中刚才的水泥贴图，给顶面赋予凹凸纹理，凹凸的值为 14%，如图 6-33 所示。

11 字体效果基本完成，如图 6-34 所示。

12 将云彩图片置入文档之中，调整大小，如图 6-35 所示。

13 将云彩图层置于文字上方，并添加蒙版，如图 6-36 所示；选择蒙版，使用黑色柔性画笔工具在字体附近位置涂抹，字体渐渐露出来，如图 6-37 所示，效果以若隐若现为最佳。

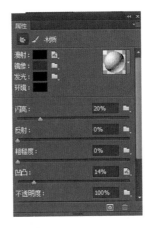

图 6-32   图 6-33

图 6-34   图 6-35   图 6-36

14 将人物图片置入文档，使用"魔棒工具"将人物抠下来，如图 6-38 所示；按 Ctrl+T 快捷键调整大小与位置，如图 6-39 所示。

图 6-37   图 6-38

15 选择云彩图层，执行"图像"→"调整"→"曲线"命令，如图 6-40 所示，压低图像的暗部，使画面更加有层次感；执行"图像"→"调整"→"色彩平衡"命令，将"色阶"

改为 17、–15、16，如图 6-41 所示。

16 最终效果如图 6-42 所示。

图 6-39　　　　　　　　　　　　　　　　图 6-40

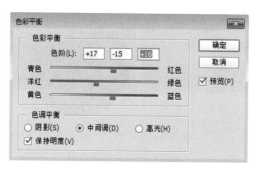

图 6-41

图 6-42

案例三　制作简洁文艺风格的阴影字体效果

应用：从所选图层新建模型、曲线、色彩平衡

在 Photoshop CC 中，有许多绘制立体效果图形的方法，但是其层次感和立体感远不如自带的 3D 功能制作出的图形，阴影效果也更加真实。本案例中，首先将文字转化为立体效果，然后对阴影进行调整，最后附上背景。

01 新建文档，尺寸为 2880 像素 × 1800 像素，如图 6-43 所示，使用"文字工具"在文档中输入文字，如图 6-44 所示。

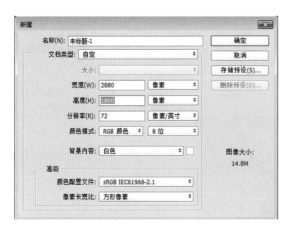

图 6-43　　　　　　　　　　　图 6-44

02 执行 3D →"从所选图层新建模型"命令，在 3D 面板中选择字体图层，打开模型的"属性"面板，将"凸出深度"设为 100 ~ 150 厘米，如图 6-45 所示。

03 选择"盖子"属性选项板，在"斜面"选项组中，宽度为 100%，角度为 45°，等高线呈 U 形，在"膨胀"选项组中，角度为 –45°，如图 6-46 所示。

04 选择"无限光"，将光的照射方向调整一下，如图 6-47 所示；打开无限光的属性面板，强度改为 382%，阴影柔和度改为 24%，如图 6-48 所示。

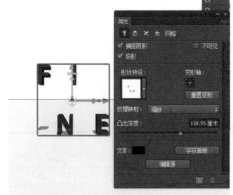

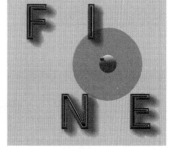

图 6-45　　　　　　　　图 6-46　　　　　　　　图 6-47

05 将准备好的格子布贴图置入文档，如图 6-49 所示；执行"图像"→"调整"→"曲线"命令，降低暗部，提高亮部，如图 6-50 所示。

06 单击"创建新的调整图层"按钮，增加色彩平衡调整图层，选择"中间调"，青色、洋红、黄色的数值分别设为 17、19、–17，如图 6-51 所示；将格子布图层置于文字下方，此时的效果如图 6-52 所示。

07 最后增加一些装饰文本即可，最终效果如图 6-53 所示。

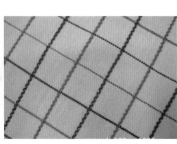

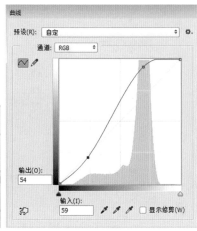

图 6-48　　　　　　　图 6-49　　　　　　　图 6-50

图 6-51　　　　　　　图 6-52　　　　　　　图 6-53

案例四　制作有机玻璃特效字体

应用：图层样式、滤镜

本案例通过多次复制图层与设置图层样式来制作 3D 文字。这个方法是 Photoshop 中制作立体图形时常用的方法，也是比较容易掌握的方法。本案例以制作有机玻璃字体为例，详细讲解这种效果的制作过程。

01 新建一个 20 厘米 ×10 厘米的文档，分辨率为 300 像素 / 英寸，背景色为透明，如图 6-54 所示。

02 使用"文字工具"在文档中输入 OK，如图 6-55 所示，大小设置为 200 点，右击文字图层，在快捷菜单中选择"栅格化文字"命令，如图 6-56 所示。

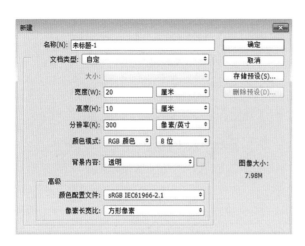

图 6-54　　　　　　　　　　　　　图 6-55

03 按住 Ctrl 键的同时，单击"图层"面板中的文字预览图，载入文字选区，如图 6-57 所示；执行"选择"→"修改"→"扩展"命令，扩展量为 20 像素，如图 6-58 所示；执行"编辑"→"填充"命令，给选区填充白色，如图 6-59 所示。

图 6-56　　　　　　　　　　　　　图 6-57

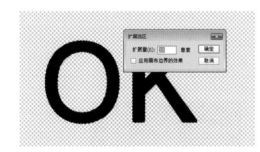

图 6-58　　　　　　　　　　　　　图 6-59

04 按 Ctrl+D 快捷键取消选区，执行"编辑"→"变换"→"透视"命令，将右上角的控制点向左侧拖动，使变形框成为梯形，如图 6-60 所示；再次执行"编辑"→"变换"→"扭曲"命令，将上边中间的控制点向下拖动，将文字压扁，如图 6-61 所示；按 Ctrl+T 快捷键，按住 Shift 键选择任意一角的定点，向外拉伸将文字变大，如图 6-62 所示。

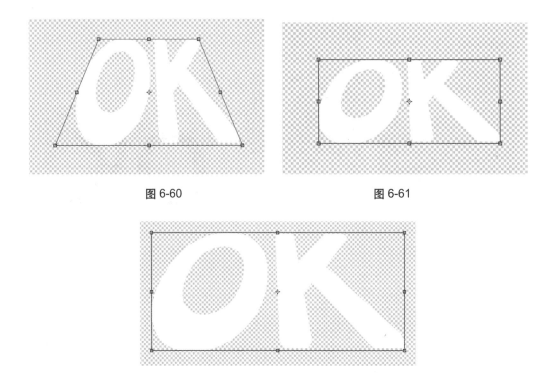

图 6-60   图 6-61

图 6-62

05 选择"移动工具"，按住 Alt 键的同时，按方向键中的↓键，共按 40 次，得到 40 个图层副本；单击"OK 拷贝 1"图层，按住 Shift 键的同时单击图层"OK 拷贝 40"，将 40 个图层全选，如图 6-63 所示；在保持图层全选的情况下右击，在弹出的快捷菜单中选择"合并图层"命令，40 个图层合为 1 个，如图 6-64 所示。

图 6-63   图 6-64

06 双击"OK 拷贝 40"图层，弹出"图层样式"对话框，首先添加"颜色叠加"样式，如图 6-65 所示，颜色为黑色，其余选项保留默认值即可；增加"内发光"样式，如图 6-66 所示，混合模式设为"滤色"，不透明度设为 75%，颜色设为红色，阻塞设为 11%，大小设为 250 像素，范围为 50%，其余选项保留默认值即可。

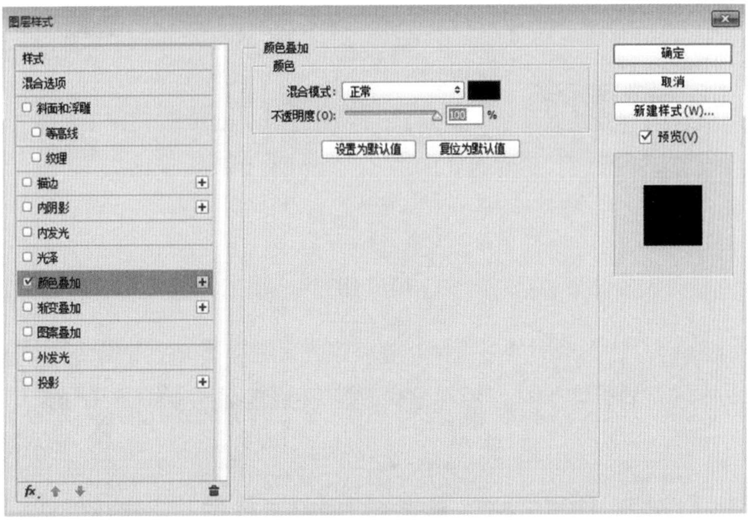

图 6-65

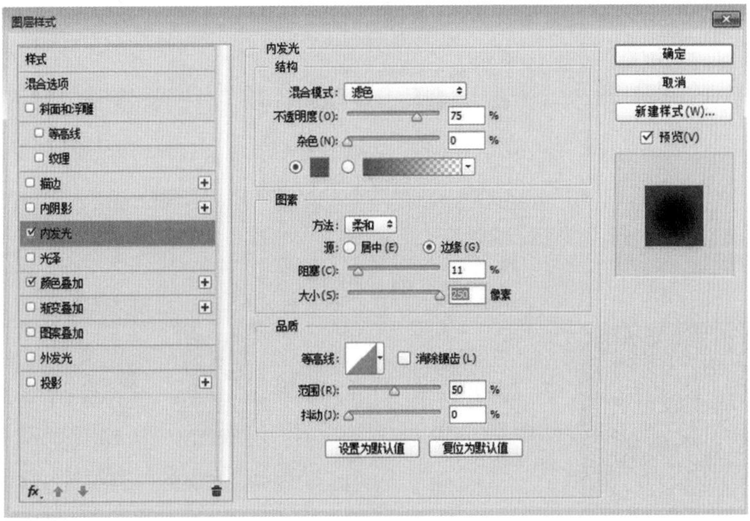

图 6-66

07 双击 OK 图层，弹出"图层样式"对话框，首先增加"渐变叠加"样式，如图 6-67 所示，注意渐变的颜色为黑色到灰色过渡，并且颜色交界线处分明一些，样式选择"线性"，缩放改为 100%，其余选项保留默认设置即可；增加"内发光"样式，如图 6-68 所示，混合模式为"滤色"，不透明度为 75，颜色设为红色，阻塞为 1%，大小为 100 像素，其余选项保留默认设置即可。

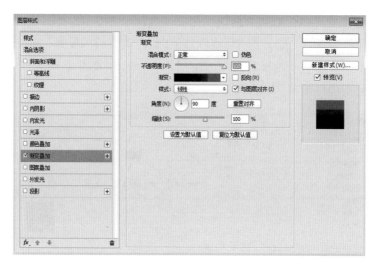

图 6-67

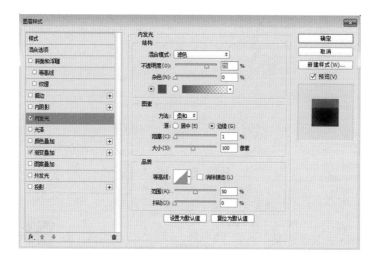

图 6-68

08 此时图像效果如图 6-69 所示。

09 选择"图层 1"，单击缩览图前面的眼睛图标，将该图层隐藏起来，按 Shift+Ctrl+Alt+E 快捷键添加盖印图层，得到"图层 2"，如图 6-70 和图 6-71 所示。

10 对图层 2 执行"滤镜"→"模糊"→"高斯模糊"命令，半径为 26 像素，如图 6-72 所示；将图层 2 移动到图层 1 之上，如图 6-73 所示；此时可以重新单击图层 1 前面的眼睛图标，取消图层隐藏，如图 6-74 所示。

11 使用"移动工具"将图层 2 微微向右下方移动，用来当作文字的投影，如图 6-75 所示；新建图层，执行"编辑"→"填充"命令，给图层填充"灰色"，如图 6-76 所示，将新建图层置于最底部。

12 最终效果如图 6-77 所示。

图 6-69

图 6-70

图 6-71

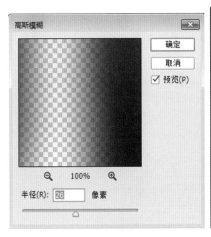

图 6-72

图 6-73

图 6-74

图 6-75

图 6-76

图 6-77

案例五　利用 3D 功能制作包装盒

应用：网格预设、渐变工具

　　包装盒往往体现产品的卖点，因此尤为重要，而如何通过 Photoshop 来制作立体包装盒效果呢？本案例使用 3D 功能进行包装盒制作。在制作之前，需要搞清楚盒子的各个面的位置关系，这样作出来的盒子才会有真实感。

---

　　01 准备一个包装盒的平面展开图，如图 6-78 所示。使用 Photoshop 将盒子的各个部分进行分解，并单独存为 JPG 格式文件备用，根据位置关系命名，如图 6-79 所示。

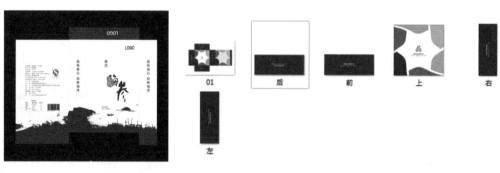

图 6-78　　　　　　　　　　　　　　　　　　图 6-79

　　02 新建文档，尺寸为 1000 像素 ×1000 像素，如图 6-80 所示。

图 6-80

　　03 按 Ctrl+J 快捷键复制"背景"图层，执行 3D →"从图层新建网格"→"网格预设"→"立方体"命令，在 3D 面板中选择"立方体"，如图 6-81 所示；使用"旋转工具"（见图 6-82）将盒子调整到理想位置与角度。

图 6-81   图 6-82

04 此时的立方体是一个正方体，如图 6-83 所示。单击"立方体"前方的文件按钮，如图 6-84 所示。打开立方体"属性"面板，将最后一列的 X、Y、Z 分别设置为 25、5、15，如图 6-85 所示。

图 6-83   图 6-84   图 6-85

05 这时正方体变成了长方体，也就是变成了包装盒的实际形状，调整好位置，如图 6-86 所示。

06 选择"材质"命令，打开"前部材质"，如图 6-87 所示；选中准备好的"前"包装图片（见图 6-88），图案就会成功地附到包装盒上。

07 使用如上方法分别对几个面进行设置，如图 6-89 所示。

08 选择"无限光"，将光照调整到合适方向，如图 6-90 所示。

09 打开无限光的"属性"面板，强度为 191%，柔和度为 70%，如图 6-91 所示。

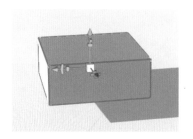

图 6-86

图 6-87

图 6-88

图 6-89

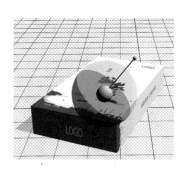

图 6-90

图 6-91

10 包装盒基本制作完成，如图 6-92 所示。

11 回到"图层"面板，新建图层，使用黑灰渐变工具在画布上从上至下拉，并把该图层置于盒子下方，如图 6-93 和图 6-94 所示。

12 使用"加深工具"和"减淡工具"对盒子细节进行处理；新建图层，使用"多边形套索工具"将顶面圈起来，使用黑白渐变工具在选区内拉出渐变效果，如图 6-95 所示；将该图层的模式改为"正片叠底"，不透明度为 48%，如图 6-96 所示。

13 最终效果如图 6-97 所示。

图 6-92

图 6-93

图 6-94

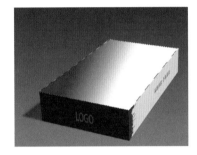

图 6-95

图 6-96

图 6-97

案例六　制作液态立体艺术字

　　本案例中文字的立体效果是使用 3D 功能制作的，为了达到更好的艺术效果，可以安装一些特殊的字体模式，通过字体变形后，再进行渲染以及后期特效处理。

01 打开 Photoshop CC，新建文档，大小为 1000 像素 ×700 像素，如图 6-98 所示；在画布中，使用"文字工具"输入文本 My darling，字体为 Vivaldi，如图 6-99 所示。

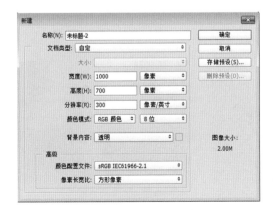

图 6-98

图 6-99

02 选择文字并右击，在弹出的快捷菜单中选择"转化为形状"，文字图层变成普通图层，如图 6-100 所示。

03 执行"编辑"→"自由变换"→"变形"命令，对文字进行变形，如图 6-101 所示；将文字进行弯曲，使其看起来更有趣味性，如图 6-102 所示。

图 6-100

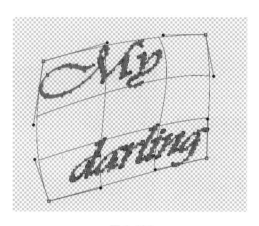

图 6-101

图 6-102

04 执行 3D →"从所选路径新建 3D 模型"命令，创建 3D 图层，如图 6-103 所示。

05 按 Shift+Ctrl+N 快捷键新建一个图层用来制作背景，执行"编辑"→"填充"命令，填充深蓝色，使用白色柔性画笔工具画出大致的投射光与地面光，如图 6-104 所示；执行"滤镜"→"模糊"→"高斯模糊"命令，半径设为 170 像素，如图 6-105 所示。

06 将蓝色背景图层置于 3D 文字图层下方，此时的效果如图 6-106 所示。

图 6-103

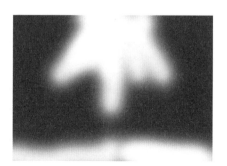

图 6-104

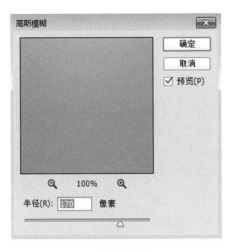

图 6-105   图 6-106

07 回到 3D 调整图层，调整文字的材质，如图 6-107 所示；在"属性"面板中，将漫射设置紫色，镜像设置为土黄色，发光设置为深紫色，环境设置为玫红色，闪亮设置为 35%，反射设置为 27%，凹凸设置为 10%，不透明度设置为 85%，折射设置为 2.010，如图 6-108 所示。

08 创建一个打在文字背后的聚光灯，类型为"聚光灯"，颜色为黄色，强度为 278%，勾选"阴影"复选框，柔和度为 3%，聚光为 62.1°，锥形为 65.1°，如图 6-109 所示。

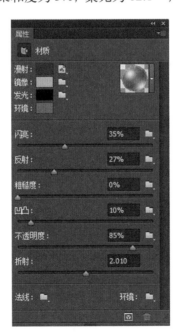

图 6-107   图 6-108   图 6-109

09 聚光灯的摆放位置如图 6-110 所示。

10 执行 3D → "渲染"命令，对文字进行渲染，最终效果如图 6-111 所示。

图 6-110

图 6-111

第七章

Camera Raw 令照片更完美

学习提示

　　Photoshop CC 的图像处理能力优于其他软件的原因之一就是 Camera Raw 功能，该功能可用于转换处理 Raw 图像，而 Raw 文件包含了原图片文件在传感器产生后，进入照相机图像处理器之前的一切照片信息，细节丰富且真实，通过 Camera Raw 的处理，可以最大化地优化处理图像，更好地控制画面中的色彩效果与影调。本章通过实例操作，讲解 Camera Raw 的神奇功能。

扫二维码下载
本章素材文件

案例一　制作夜景灯光图片

应用：画笔工具、图层蒙版、Camera Raw 滤镜

　　本案例通过调整 Camera Raw 中的各个选项对一张普通图片进行夜景效果制作，其中，灯光效果主要使用的工具是画笔与图层蒙版，最后对图像进行调整即可。

　　01 执行"文件"→"打开"命令，将素材图片置入，如图 7-1 所示。

图 7-1

　　02 双击"背景"图层，重命名为"夜景"，按 Ctrl+J 快捷键复制"夜景"图层，然后将新的图层重命名为"灯光"，如图 7-2 所示，"灯光"图层在上，"夜景"图层在下。

　　03 选择"灯光"图层，单击眼睛按钮，将该图层隐藏起来，如图 7-3 所示。然后对"夜景"图层进行 Camera Raw 调整。

图 7-2　　　　　　　　　　图 7-3

　　04 执行"滤镜"→ Camera Raw 命令，将"色温"值设为 -69，"曝光"值设为 -3，如图 7-4 所示，此时图像色调基本接近夜景效果，单击"确定"按钮。此时图像效果如图 7-5 所示。

　　05 再次单击"灯光"前的眼睛按钮，使图层恢复可见状态，选择"灯光"图层，执行"滤镜"→"转化为智能对象"命令，然后再执行"滤镜"→ Camera Raw 命令，在参数面板中，将"色温"设置为100，"自然饱和度"设置为100，"清晰度"设置为20，如图 7-6 所示。
此时画面出现了整体发黄且饱和度较高的效果，效果如图 7-7 所示。

图 7-4

图 7-5

图 7-6

06 选择"灯光"图层，按住 Alt 键单击"新建图层蒙版"按钮，增加黑色蒙版，如图 7-8
所示。接下来，可以使用白色的画笔工具涂抹想要发光的区域，可以选择稍微大一些的画笔。

07 灯光的渲染需要层次感，所以进行绘制时可以层层递进地进行。将画笔的不透明
度改为 40%，流量改为 25%，如图 7-9 所示，然后使用大尺寸的画笔先铺设大致的灯光关系，
效果如图 7-10 所示。

图 7-7

图 7-8

图 7-9

图 7-10

08 灯光效果铺设的差不多后，还需要对细节进行深化。将画笔的不透明度改为100%，流量改为100%，如图 7-11 所示，选择较小的笔刷，对门框、窗框等区域进行涂抹，如图 7-12 和图 7-13 所示，门框与窗框的灯光效果进一步得到加强。

图 7-11   图 7-12   图 7-13

09 选择"灯光"蒙版，执行"图像"→"调整"→"色阶"命令，如图 7-14 所示，调整灯光的亮度，将灯光调整得更加自然真实。

10 选择"夜景"图层，执行"图像"→"调整"→"亮度/对比度"命令，将亮度、对比度的值分别设为 –83 和 –24，如图 7-15 所示，从而加深"夜景"图像的深度，突显灯光效果。

11 最终效果如图 7-16 所示。

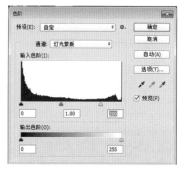

图 7-14   图 7-15   图 7-16

案例二　调出唯美人物街拍图像

应用：Camera Raw 滤镜

本案例操作起来并不难，但具有实用性，因为日常图像处理时常常会用到这些方法，所以需要熟练掌握。在本案例操作时，需要首先美化图片，然后调整人物明暗关系，分清层次，最终增加光晕即可。

01 执行"文件"→"打开"命令，打开原图像，如图 7-17 所示。

02 执行"滤镜"→ Camera-Raw 命令，调整色彩反差，如图 7-18 和图 7-19 所示，在"基本"中，将色温设为 -7，对比度设为 11，清晰度设为 50，自然饱和度设为 -12。

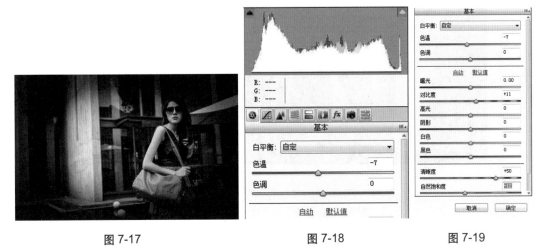

图 7-17　　　　　　　　　图 7-18　　　　　　　　　图 7-19

03 调整"HSL/灰度"参数，将黄色改为3，绿色改为41，浅绿色设为34，如图 7-20 所示。

04 打开"分离色调"面板，高光区域中的色相改为 69，饱和度改为 27；阴影区域中的色相改为 233，饱和度改为 17，如图 7-21 所示。打开"效果"面板，执行"裁减后晕影"→"高光优先"命令，将数量改为 -63，中点改为 14，羽化改为 50，如图 7-22 所示。

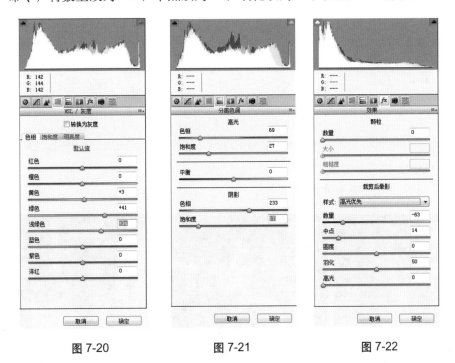

图 7-20　　　　　　　　　图 7-21　　　　　　　　　图 7-22

05 此时图像效果如图 7-23 所示。

06 执行"图像"→"调整"→"可选颜色"→"红色"命令，在黑色中增加红色效果，如图 7-24 所示，青色设为 -8%，黄色设为 41%，黑色设为 -28%。

图 7-23   图 7-24

07 将"颜色"改为"中性色"，青色为 -8%，洋红为 -5%，黄色为 -6%，黑色为 3%，如图 7-25 所示；然后调整"白色"，青色改为 -8%，黄色改为 -40%，黑色改为 -36%，如图 7-26 所示；最后调整"黑色"，将青色设为 -10%，黄色设为 9%，黑色设为 -4%，如图 7-27 所示。

图 7-25   图 7-26   图 7-27

08 此时人物明暗关系还不清晰，使用"加深工具"在暗部涂抹，使用"减淡工具"在亮部涂抹，如图 7-28 和图 7-29 所示。

09 明暗关系处理完的效果如图 7-30 所示。

图 7-28   图 7-29   图 7-30

10 接下来制作光晕。按 Shift+Ctrl+N 快捷键新建黑色图层，并给图层增加蒙版，如图 7-31 所示。

11 执行"渐变工具"→"径向渐变"命令，如图 7-32 所示，然后在图像左上角拉出一个渐变效果，光晕效果如图 7-33 所示。

图 7-31   图 7-32

12 执行"图像"→"调整"→"色相/饱和度"命令，色相设为 8，饱和度设为 30，明度设为 11，如图 7-34 所示。

图 7-33   图 7-34

13 对图像进行锐化，执行"图像"→"滤镜"→"锐化"→"USM 锐化"命令，数量设为 40%，半径设为 1 像素，如图 7-35 所示。

14 最终效果如图 7-36 所示。

图 7-35   图 7-36

案例三　制作纯净的风景效果图

应用：Camera Raw 滤镜、可选颜色

本案例讲解了如何制作纯净的风景效果，素材图片看起来比较昏暗，视觉效果并不理想，通过后期的调整，将画面的色彩纯度提升，整体的效果会变得分外干净。

01 打开素材图片，此时可以分析得到画面的层次：树木、水塘、天空，如图 7-37 所示。

图 7-37

02 原图的色温较高，需要降低，执行"滤镜"→ Camera Raw 命令，打开"基本"面板，将色温调整为 -12，色调为 -9，曝光为 0.7，对比度为 70，高光为 -51，阴影为 53，白色为 -75，黑色为 100，自然饱和度为 65，饱和度为 -30，如图 7-38 ~ 图 7-40 所示。

图 7-38

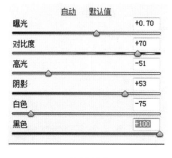

图 7-39

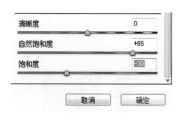

图 7-40

03 此时画面效果如图 7-41 所示。

04 调整"色调曲线"参数，如图 7-42 所示，设置高光为 18，亮调为 5，暗调为 -17，阴影为 -2。高光提亮了，图片看起来更加透亮。

05 切换到"色调曲线"中的"点"选项卡，选择通道"蓝色"，调整曲线如图 7-43 所示；选择通道"绿色"，调整曲线如图 7-44 所示。

图 7-41

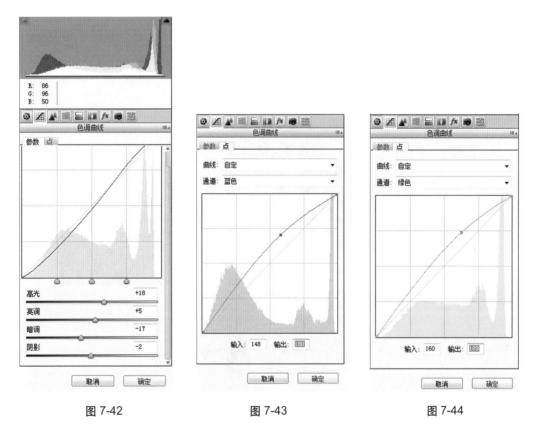

图 7-42　　　　　　　　图 7-43　　　　　　　　图 7-44

06 调整"HSL/ 灰度"中的"饱和度"，设置红色为 41，绿色为 0，浅绿色为 0，蓝色为 25，洋红为 0，如图 7-45 所示。可以看到增加蓝色饱和度，降低黄色饱和度后，天空看起来颜色更加纯粹。

07 调整"HSL/ 灰度"中的"明亮度"，设置黄色为 15，蓝色为 25，如图 7-46 所示。

08 调整"相机校准"，将红原色中的色相设为 30，饱和度设为 -27，蓝原色中的饱和度设为 100，如图 7-47 所示。

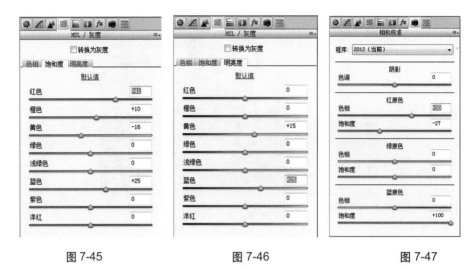

图 7-45 图 7-46 图 7-47

09 设置完成后，返回图层页面，按 Shift+Ctrl+N 快捷键新建图层，执行"编辑"→"填充"命令，给新建图层填充 50% 灰色，如图 7-48 所示，将该图层的不透明度改为 30%，如图 7-49 所示。效果如图 7-50 所示。

图 7-48 图 7-49

图 7-50

10 选择背景图层，使用"套索工具"在图像中圈出白云的位置，如图 7-51 所示。执行"图像"→"调整"→"可选颜色"命令，如图 7-52 所示，将黑色降为 −90%，使白云变得更加洁白。

图 7-51　　　　　　　　　　　图 7-52

11 使用同样的方法圈出水的位置，调整"可选颜色"中的"青色"，将青色改为
100%，洋红改为 -31%，黄色改为 -25%，如图 7-53 所示。

12 效果如图 7-54 所示，此时蓝天、白云、碧水对比鲜明。

图 7-53　　　　　　　　　　图 7-54

13 执行"图像"→"调整"→"曲线"命令，如图 7-55 所示，增加图像对比度。

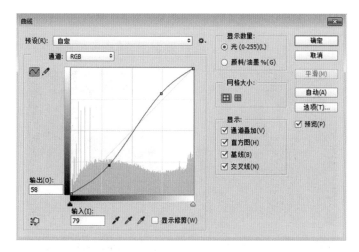

图 7-55

14 增加"曲线"调整图层，微微调整 RGB 的曲线，如图 7-56 所示。

15 增加"渐变映射"图层样式，更改混合模式为"明度"，不透明度改为 10%，如图 7-57 所示。

16 图像处理完毕后，也可根据需要在图像中输入文本，最终效果如图 7-58 所示。

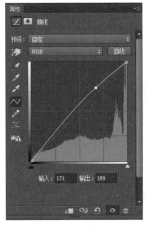

图 7-56   图 7-57   图 7-58

案例四　调整文艺风格的青色城市街道图片

应用：相机校准、HSL/灰度、分离色调、色彩平衡、曲线、色相/饱和度

在本案例中，使用 Photoshop CC 将普通的建筑街道图像调整为散发着淡淡青色、充满文艺气息的图像，主要使用了 Camera Raw 对整体进行了调整，最后增加几个调整图层完善整体色调。接下来将会详细讲解这种色调调整过程。

01 执行"文件"→"打开"命令，打开需要调整的图片，如图 7-59 所示。

图 7-59

02 执行"滤镜"→"Camera Raw 滤镜"命令，打开"相机校准"面板，对参数进行调整，阴影色调设为15，红原色的色相为7，绿原色的色相为3，蓝原色的色相为11，如图7-60所示。

03 打开"基本"面板，设置色温为 –13，色调为 –13，曝光为 0.60，对比度为 35，高光为 –20，阴影为 8，白色为 5，黑色为 –5，清晰度为 11，自然饱和度为 –10，饱和度为 –20，如图 7-61 和图 7-62 所示。

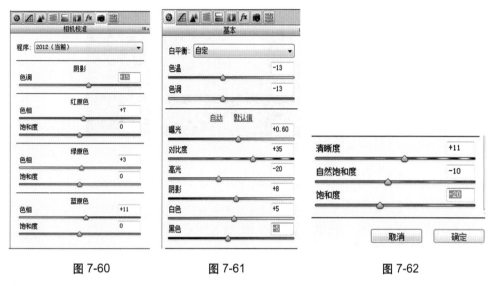

图 7-60   图 7-61   图 7-62

04 打开"HSL/灰度"面板，设置橙色为 –15，黄色为 12，绿色为 12，浅绿色为 22，蓝色为 –35，紫色为 –13，如图 7-63 所示。

05 为了增加色调的对比，打开"分离色调"面板，将高光中的色相设为 60，饱和度为 50，平衡为 12；阴影中的色相为 250，饱和度为 10，如图 7-64 所示。

   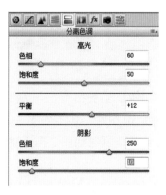

图 7-63   图 7-64

06 此时，参数已调整完毕（根据源图像的不同，其中的一些参数要根据实际情况进行调整），单击"确定"按钮，图像效果如图 7-65 所示。

图 7-65

07 给图像增加"色彩平衡"调整图层。首先对中间调进行调整，青色设为 -3，黄色设为 -20，如图 7-66 所示；其次对高光进行调整，洋红设为 14，如图 7-67 所示；最后更改阴影，青色设为 -6，洋红设为 -11，黄色设为 4，如图 7-68 所示。

08 增加"曲线"调整图层，分别对 RGB、红、绿、蓝进行调整，具体如图 7-69 所示。

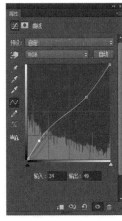

图 7-66　　　　　　图 7-67　　　　　　图 7-68　　　　　　图 7-69

09 此时，图像已呈现出青色，为了使图像更加自然，再增加"色相／饱和度"图层，选择"青色"，降低饱和度，具体如图 7-70 所示。

10 最终效果图与原图如图 7-71 和图 7-72 所示。

图 7-70　　　　　　　　　　　　　图 7-71

图 7-72

案例五　打造黑白复古艺术效果人物图片

应用：Camera Raw 滤镜、曲线

　　Raw 图像具有原始影像数据，因此，用来制作黑白照片最为合适。本案例中，我们将利用 Camera Raw 中的 HSL/ 灰度、色调调整等面板，以及曲线、渐变映射、等图层样式来制作层次丰富的黑白效果图片。

　　01 打开原图，如图 7-73 所示，执行"滤镜"→"Camera Raw 滤镜"命令，打开"Camera Raw（素材 .jpg）"对话框。首先对 HSL/ 灰度进行调整，勾选"转换为灰度"复选框，红色为 –6，橙色为 –15，黄色为 –15，绿色为 –25，浅绿色为 –20，蓝色为 7，紫色为 14，洋红为 5，保存图像，如图 7-74 所示。

图 7-73

图 7-74

<del>02</del> 再度调整 HSL/ 灰度，将人物的红唇加深，脸部的厚重感突出，红色为 -15，橙色为 -20，黄色为 -25，绿色为 -27，浅绿色为 -20，蓝色为 13，紫色为 14，洋红为 5，如图 7-75 所示。

<del>03</del> 为了将肤色调整得亮一些，再将红色调为 -40，橙色调为 -20，黄色调为 -25，如图 7-76 所示。

<del>04</del> 选择 Camera Raw 的"基本"面板，对人物进行细节修饰。曝光设为 0.25，对比度为 20，高光为 8，从而使画面反差更加强烈，为了显露暗部细节，将阴影调为 30，为了让阴

影的区域不会发灰，将黑色调为 -8，最后增加对比，将清晰度设为 15，如图 7-77 所示。

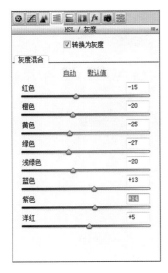

图 7-75   图 7-76   图 7-77

05 此时图片效果如图 7-78 所示。

06 由于原图色调较浅，因此人物身上的光线分布不明确，这里使用"加深工具"和"减淡工具"对人物进行修饰，效果如图 7-79 所示。

07 增加曲线调整图层，首先压低暗部，如图 7-80 所示，然后提高亮部，如图 7-81 所示。

08 此时效果如图 7-82 所示。

09 选择人物图层，使用"套索工具"，如图 7-83 所示，选择人物的服装部分，执行"图像"→"调整"→"曲线"命令，增加花纹的对比度，使花纹看起来更加清晰，如图 7-84 所示。

10 同上，分别选择人物头发与面部，执行"曲线"命令，将人物发色加深，如图 7-85所示，使面部对比鲜明，如图 7-86 所示。

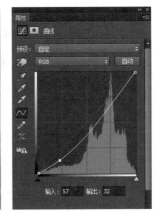

图 7-78   图 7-79   图 7-80

图 7-81

图 7-82

图 7-83

图 7-84

图 7-85

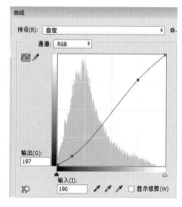

图 7-86

11 为了使人物更加突出，使用"套索工具"，羽化改为 10 像素，选择背景，如图 7-87 所示，执行"曲线"命令，将背景压暗，如图 7-88 所示。

图 7-87

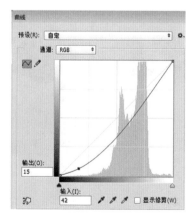

图 7-88

12 按 Shift+Ctrl+N 快捷键新建图层，将模式设为"柔光"，选中"填充柔光中性色 (50% 灰)"复选框，如图 7-89 所示。

13 使用"加深工具"和"减淡工具"，在中性灰图层上进行细节涂抹，使人物形象更加丰满，如图 7-90 所示。

14 增加"渐变映射 1"调整图层，将图层模式改为"叠加"，不透明度改为 50%，如图 7-91 所示。

图 7-89　　　　　　　　　图 7-90　　　　　　　图 7-91

15 最终效果图和原图分别如图 7-92 和图 7-93 所示。

图 7-92　　　　　　　　　　图 7-93

案例六　给人像进行磨皮美化处理

应用：Camera Raw 滤镜、高斯模糊

在商业修图中，磨皮美化是人像中常用的处理，方法也有许多。本案例通过使用 Camera Raw 滤镜对图像进行美化，然后通过高斯模糊进行面部处理，最后增加一个曲线调整图层，对整个图层进行色调把控。

01 将人物图片打开，使用"仿制图章工具"对人物脸部的一些瑕疵进行修补，如图 7-94 和图 7-95 所示。

图 7-94   图 7-95

02 执行"滤镜"→"Camera Raw 滤镜"命令，对"基本"面板中的参数进行修改，具体如图 7-96 所示，色温改为 -52，色调为 6，曝光为 0.20，清晰度为 50，自然饱和度为 10。

图 7-96

03 打开"色调曲线"面板，对照片进行去灰处理，如图 7-97 所示，高光为 30，亮调为 23，暗调为 -23。

04 打开"HSL/ 灰度"面板，黄色为 -68，绿色为 -66，浅绿色为 -64，蓝色为 4，如图 7-98 所示。

05 对图片进行细节调整，执行"图像"→"调整"→"可选颜色"命令，将颜色设为"红色"，黑色改为 -10%，如图 7-99 所示；然后将颜色设置为"中性色"，青色改为 -16%，洋红改为 -4%，如图 7-100 所示。

06 此时图片效果如图 7-101 所示。

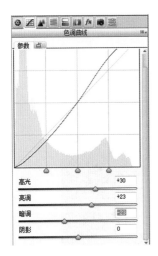

图 7-97

图 7-98

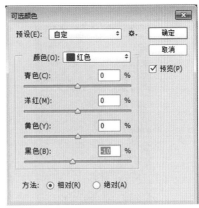

图 7-99

图 7-100

图 7-101

07 按 Shift+J 快捷键复制图层，得到人物图层副本，对该图层执行"滤镜"→"模糊"→"高斯模糊"命令，如图 7-102 所示，半径设为 3 像素，然后将图层的不透明度改为 90%，如图 7-103所示。

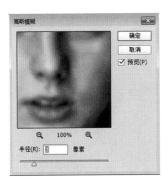

图 7-102

图 7-103

08 增加曲线调整图层，如图 7-104 所示，压低图像曲线，加深暗部颜色，使明暗关系更加分明。

09 最终效果如图 7-105 所示。

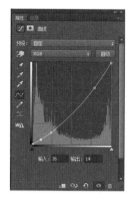

图 7-104 　　　　　　　　　　　图 7-105

案例七　营造唯美江南小镇风光图片

应用：Camera Raw 滤镜

很多摄影师不喜欢用 Raw 格式拍摄图片，因为后期处理不是特别便利，而熟练使用 Photoshop CC 中的 Camera Raw 滤镜将会解决这一问题，让操作变得简单。本案例中的素材原图色彩平淡，色调灰暗，通过后期调整，将会使图片带有清幽的视觉效果，从而更加符合图像氛围。

01 打开素材原图，如图 7-106 所示，然后执行"滤镜"→"Camera Raw 滤镜"命令，对"基本"面板进行设置，色温为 -29，色调为 -20，曝光为 1.55，对比度为 50，高光为 17，白色为 31，黑色为 8，清晰度为 5，自然饱和度为 -3，如图 7-107 所示。

图 7-106

图 7-107

02 打开"分离色调"面板，将高光中的色相设为 68，饱和度为 45，平衡为 -15；阴影色相为 9，饱和度为 10，如图 7-108 所示。这一步调整了画面色彩感，平衡了刚才过于蓝绿的颜色，效果如图 7-109 所示。

03 打开"效果"面板，更改其中的镜头晕影，数量为 60，大小为 30，粗糙度为 26，如图 7-110 所示。

图 7-108

图 7-109

图 7-110

04 打开"色调曲线"面板，高光为 17，亮调为 11，暗调为 -10，阴影为 -2，如图 7-111 所示。

05 最终效果图与原图分别如图 7-112 和图 7-113 所示。

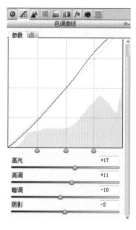

图 7-111

图 7-112

图 7-113

第八章

综合实例

扫二维码下载
本章素材文件

案例一　制作魔幻熔岩效果海报

　　本案例对魔幻海报制作进行讲解，海报设计除了实际操作外，对颜色的控制与调整也十分重要。

01 新建文档，大小为 600 像素 ×1000 像素，分辨率为 72 像素 / 英寸，如图 8-1 所示。

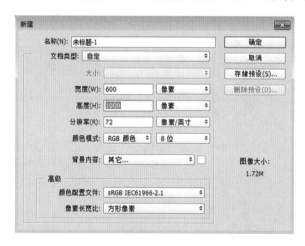

图 8-1

02 重新打开一张背景图片，按 Ctrl+T 快捷键调整图像的大小，如图 8-2 所示。

图 8-2

03 执行"滤镜"→"扭曲"→"极坐标"命令，选中"平面坐标到极坐标"单选按钮，如图 8-3 所示。

04 按 Ctrl+J 快捷键复制背景图层，再按 Ctrl+T 快捷键对图像进行变形，如图 8-4 所示，把副本图层中的椭圆图案调整为圆形，如图 8-5 所示。

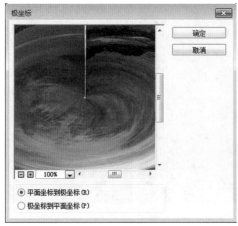

图 8-3   图 8-4

05 按 Ctrl+T 快捷键复制"背景素材"图层得到新的图层，然后按 Ctrl+T 快捷键对图像进行旋转，并增加图层蒙版，如图 8-6 所示。接着选择"橡皮擦工具"在蒙版中涂抹看起来不自然的边界部位。

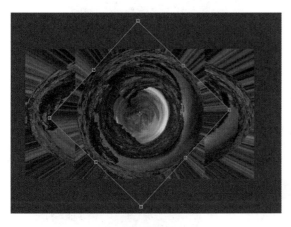

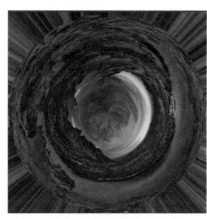

图 8-5   图 8-6

06 使用"裁切工具"将图形裁剪好，使用"移动工具"将做好的背景图片拖入第一个文档中去，如图 8-7 所示。

07 依次增加"曲线""色相/饱和度""色彩平衡"调整图层，具体参数如图 8-8 ～图 8-10 所示。注意，根据图像主题的不同，设置也会不同。

08 打开人物图片，使用"魔棒工具"将人物白色背景选中，按 Delete 键删除，如图 8-11 所示。

09 将抠好的人物置入第一个文档中，并根据背景调整大小与位置，如图 8-12 所示。

10 选择人物图层，执行"图像"→"调整"→"曲线"命令，如图 8-13 所示，将亮部变暗，使人物看起来有背光效果，如图 8-14 所示。

图 8-7

图 8-8

图 8-9

图 8-10

图 8-11

图 8-12

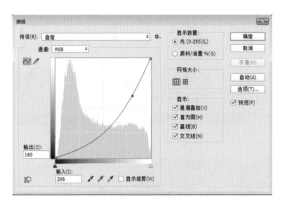
图 8-13

图 8-14

11 新建图层，填充 50% 灰色，如图 8-15 所示，使用 "画笔工具"，对人物的明暗部进行绘制，效果如图 8-16 和图 8-17 所示。

图 8-15   图 8-16

12 使用 "橡皮擦工具"，擦掉附在背景上的灰色，只留人物部分即可，降低灰色图层的不透明度，使人物的明暗关系更加分明。为了增加人物身上的环境光，新建图层，使用黄色、紫色柔性画笔工具在人物身上涂抹，并将图层样式改为 "滤色"，如图 8-18 和图 8-19 所示。

图 8-17   图 8-18   图 8-19

13 为了增加画面质感，选择背景熔洞所在图层，执行 "滤镜"→"杂色"→"添加杂色" 命令，参数设置如图 8-20 所示。

14 最终效果如图 8-21 所示。

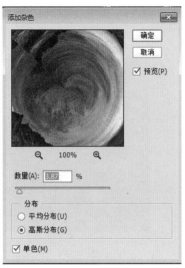

图 8-20   图 8-21

案例二　制作简洁大方的手机天气界面

简洁的手机天气界面的制作并不复杂，主要是对图形的绘制与效果表现，因此，熟练地应用绘图工具将会给图片设计带来良好的视觉效果。本案例主要讲解了手机界面的设计及制作方法，以简洁的风格表达设计理念。

01 执行"文件"→"新建"命令，建立一个 600 像素 ×800 像素，分辨率为 72 像素 / 英寸的文档，如图 8-22 所示。

02 选择"矩形工具"，在画布中绘制一个矩形，该矩形为手机界面背景。执行"编辑"→"填充"命令，如图 8-23 所示，填充颜色设为 # 920048，其余参数默认即可，填充效果如图 8-24 所示。

03 按 Shift+Ctrl+N 快捷键，新建图层，如图 8-25 所示，然后执行"滤镜"→"滤镜库"→"纹理化"命令，对纹理进行设置，

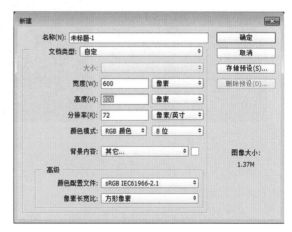

图 8-22

纹理选择"画布"，缩放设为 51%，凸现设为 3，光照选择"上"，具体设置如图 8-26 所示。

04 此时背景图案有了一些画布的质感，选择"文字工具"，在文档中输入 Saturday，颜色为白色，将它放置到合适的地方，如图 8-27 所示。

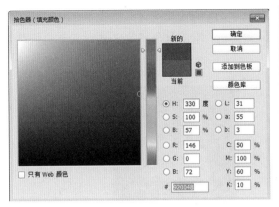

图 8-23　　　　　　　　　　　　图 8-24　　　　　图 8-25

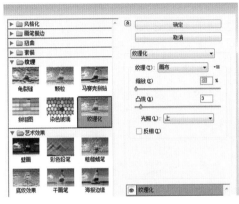

图 8-26　　　　　　　　　　　　　　图 8-27

05 给文字增加一点投影，打开图层样式操作面板，如图 8-28 所示，不透明度改为 42%，角度设为 120 度，距离设为 2 像素，扩展设为 0%，大小设为 0 像素。

06 使用"文字工具"输入 6 ～ -6℃，右击 Saturday 图层，选择"拷贝图层样式"命令，再右击 6 ～ -6℃图层，选择"粘贴图层样式"命令，将投影样式复制过来，文字效果如图 8-29 所示。

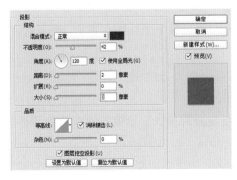

图 8-28　　　　　　　　　　　　　　图 8-29

07 选择"钢笔工具"，绘制简洁云朵形状，将路径转为选区，如图 8-30 所示。然后按 Shift+Ctrl+N 快捷键，新建图层，给云朵选区填充白色，使用白色画笔工具对云朵进行修饰，效果如图 8-31 所示。

图 8-30　　　　　　　　　　图 8-31

08 依次增加描边、颜色叠加和投影图层样式。将描边中的大小改为5像素，位置设为"内部"，不透明度设为100%，颜色设为蓝色，如图 8-32 所示；将颜色叠加中的颜色设为蓝色，其余参数默认即可，如图 8-33 所示；将投影中的混合模式改为"正片叠底"，颜色为黑色，不透明度设为60%，角度设为120度，距离设为5像素，扩展设为0%，大小设为5像素，其余参数默认即可，如图 8-34 所示。

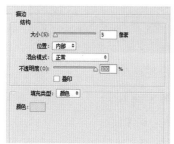  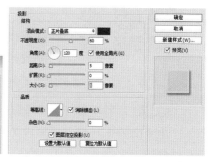

图 8-32　　　　　　　　　图 8-33　　　　　　　　　图 8-34

09 制作太阳形状，新建图层，选择"自定形状工具"中的"星爆"，绘制一个爆炸图形，颜色设为白色，如图 8-35 所示。然后再使用"椭圆工具"，按住 Shift 键不放，在爆炸图形的上方绘制一个正圆形，颜色设为黄色，将太阳图层置于云朵图层下方，使云遮住一部分太阳，调整好大小和位置，如图 8-36 所示。

10 新建图层，使用"矩形选框工具"，在画面下方绘制一个矩形选区，执行"编辑"→"填充"命令，给选区填充蓝色，如图 8-37 所示。

11 选择图层样式，给矩形图层增加渐变叠加样式。渐变颜色改为由浅蓝到深蓝，样式选择"径向"，角度设为90度，缩放设为130%，如图 8-38 所示。

12 新建图层，再建立一个矩形，颜色比上一个矩形深些，两个图层的放置方式如图 8-39 所示。

图 8-35　　　　　　　　　　图 8-36　　　　　　　　　　图 8-37

13 使用"画笔工具"，调整画笔的大小与形状。按 F5 键，打开"画笔预设"面板，选择"画笔笔尖形状"，将画笔的形状改成椭圆形，如图 8-40 所示。然后使用"钢笔工具"，在深蓝色矩形的上沿画一条直线路径，右击路径，在弹出的快捷菜单中选择"描边路径"命令，效果如图 8-41 所示。

14 在浅蓝色矩形上沿中间位置绘制小三角形，并使用柔性笔刷，为小三角形和玫红色下边沿增加投影效果，如图 8-42 所示。

图 8-38　　　　　　　　　　图 8-39　　　　　　　　　　图 8-40

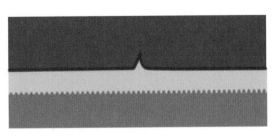

图 8-41　　　　　　　　　　　　　　图 8-42

15 增加文字 More Details，颜色为白色，打开"图层样式"对话框，增加投影样式，设置参数如图 8-43 所示，混合模式改为"正片叠底"，不透明度改为 42%，角度改为 120 度，距离改为 2 像素，扩展改为 0%，大小改为 0 像素，效果如图 8-44 所示。

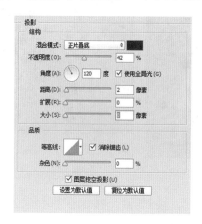

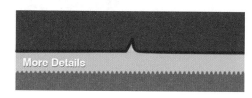

图 8-43　　　　　　　　　　　　　　　　　图 8-44

16 新建一些分割线，选择"直线工具"，像素设为 1，为直线添加投影样式。新建图层，使用矩形工具增加一个玫红色块，并选择"橡皮擦工具"，笔刷设置为椭圆形，硬度为 100%，将波浪锯齿一一擦出来，效果如图 8-45 所示。

17 多绘制几条直线作为分割线，将深蓝色矩形分为几个部分，在每个矩形中依次添加星期文本，并将其他文字文本的投影图层样式复制到这几个星期文本图层中。选择云朵和太阳的图层，分别放在几个分割区域里，代表每天的天气，摆放效果如图 8-46 所示。

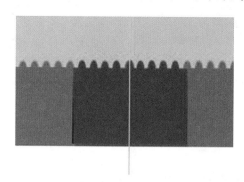

图 8-45　　　　　　　　　　　　　　　　　图 8-46

18 执行"文件"→"存储为"命令，将文档存储为 JPEG 格式，重命名为"屏幕"，如图 8-47 所示。

19 执行"文件"→"打开"命令，打开一张手机正面图片，使用"魔棒工具"选中手机屏幕部分，按 Delete 键删除。将刚才保存的"屏幕"文件使用"移动工具"拖入手机文档中，将屏幕图层的位置调整好，效果如图 8-48 所示。

20 此时可以看出来，手机机身有反光，所以为了统一光线，增加真实性，需要给屏幕图层绘制反光区域。新建图层，使用"多边形套索工具"，将反光区域框出来，然后选择"渐变工具"，将渐变编辑器打开，颜色设置为由浅白到透明，自上至下的方向进行渐变，具体如图 8-49 所示。

21 最终效果如图 8-50 所示。

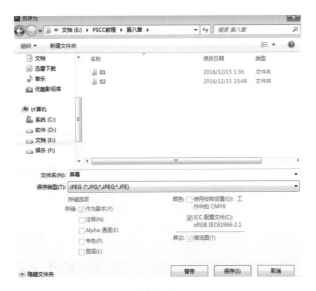

图 8-47

图 8-48

图 8-49

图 8-50

案例三　制作梦幻游戏主页图片

制作梦幻游戏主页图片是一项较复杂的工作，因为图片的效果将会直接影响用户的视觉体验，所以需要做充分的前期准备与素材收集，再将自己的想法慢慢融合进去，本案例将详

细讲解如何制作游戏主页图片。

01 新建文档，尺寸设为 240.03 毫米 ×297.01 毫米，如图 8-51 和图 8-52 所示。

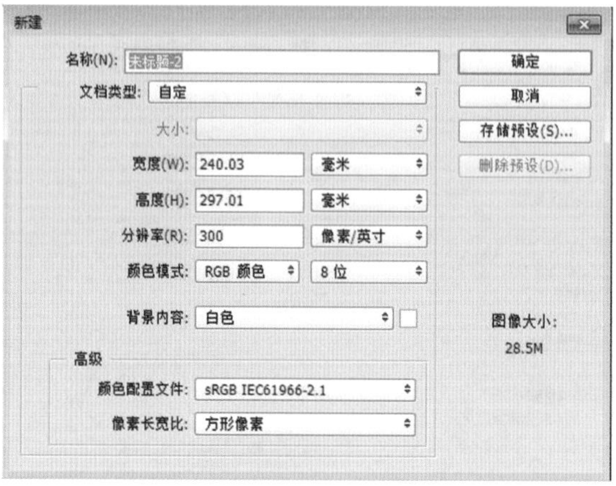

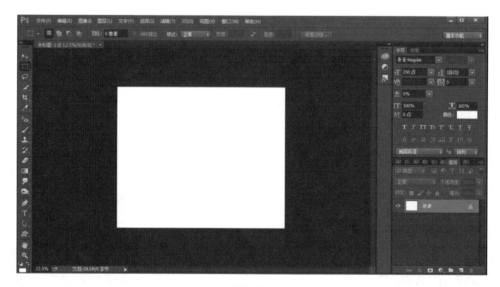

图 8-51

图 8-52

02 使用"钢笔工具"，在文档中绘制路径(注意透视)，如图 8-53 所示。然后将路径转化为选区，执行"编辑"→"填充"命令，给选区填充灰色，如图 8-54 所示。

03 使用同样的方法在平面下方绘制石块状轮廓，选区填充深灰色，如图 8-55 所示。

04 绘制环境光增加立体感,选择"画笔工具",颜色设为蓝色,画笔设置如图 8-56 所示,在石块底部涂刷，如图 8-57 所示。

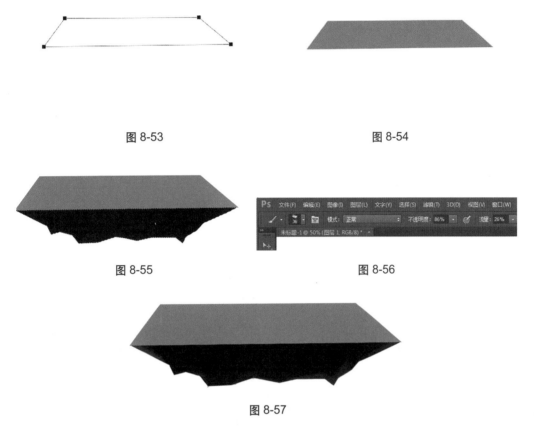

图 8-53 图 8-54

图 8-55 图 8-56

图 8-57

05 将背景素材拖入文档，调整好大小并置于最底层，如图 8-58 所示。

06 使用白色柔性画笔工具，在平面上的过渡部位涂抹，具体位置与效果如图 8-59 所示。

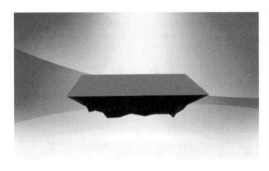

图 8-58

图 8-59

07 使用白色柔性画笔工具在平面上靠前端的部位微微涂抹，使光线更加有层次感，如图 8-60 所示。

08 将准备好的几何石头图案素材置入文档中，执行"色相 / 饱和度"命令，将图片变成蓝色调，如图 8-61 所示。把石头纹理放置在图像上，用"多边形套索工具"将多余的部分抠出来，按 Delete 键删除，如图 8-62 所示。

09 选择石头纹理图层，使用"加深工具"分别在石块上沿与下沿进行加深，增加石块的立体感，如图 8-63 所示。

图 8-60　　　　　　　　　　　　　　　　　　图 8-61

图 8-62　　　　　　　　　　　　　　　　　　图 8-63

10 使用"画笔工具"对石块进行细节处理，底部增加蓝色反光效果，如图 8-64 所示。

11 将建筑素材置入文档中，使用"魔棒工具"与"橡皮擦工具"将建筑背景部分删除，留下建筑主体即可。按 Ctrl+T 快捷键对建筑大小进行调整，并放置在石块的平面上，如图 8-65 所示。

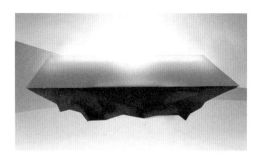

图 8-64　　　　　　　　　　　　　　　　　　图 8-65

12 按 Shift+Ctrl+N 快捷键新建图层，使用白色柔性画笔工具在建筑的周围单击几下，使建筑融入画面之中，如图 8-66 所示。

13 在建筑图层上方新建一个图层，并填充蓝色，将图层模式改为"滤色"，效果如图 8-67

所示，然后使用白色柔性画笔工具在建筑后面单击几下，营造出背面透光的效果，如图 8-68 所示。

14 将汽车、扑克牌、骰子、飞机、美女依次置入文档中，并分别调整大小与位置，如图 8-69 ～图 8-72 所示。

图 8-66

图 8-67

图 8-68

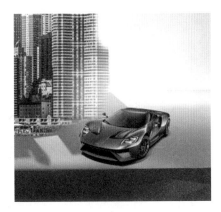

图 8-69

图 8-70

图 8-71

15 使用"文字工具"在图中输入文本，如图 8-73 所示。给文字图层增加混合模式"斜面和浮雕"，样式设为"内斜面"，方法设为"雕刻清晰"，深度设为 246%，大小设为 10 像素，软化设为 1 像素；阴影高光模式设为"滤色"，高光不透明度设为 62%，阴影模式设为"正片叠底"，阴影模式不透明度设为 67%，如图 8-74 所示。

图 8-72   图 8-73

图 8-74

16 使用深蓝色柔性画笔工具在文字后方的图层上涂抹，使文字效果凸显，如图 8-75 所示。将光晕素材置入文档，图层模式改为"变亮"，如图 8-76 所示。

17 此时效果如图 8-77 所示。

18 将云层素材置入文档，放在图像底部，使用"橡皮擦工具"将天空部分擦出来，如图 8-78 所示。

19 将星球图片置入文档，使用"魔棒工具"删除多余部分，将星球放置在左上方，然后使用"橡皮擦工具"对边缘进行调整，如图 8-79 所示。

20 此时页面图片基本已完成，再加入一些文本等内容，最终效果如图 8-80 所示。

图 8-75 图 8-76

图 8-77 图 8-78

图 8-79 图 8-80

案例四　制作精致米饭效果图

　　一碗米饭可分为两部分来制作，分别为碗和米粒，制作时，需要考虑如何体现米饭的吸引力，从而使制作出来的图片效果更加理想。

　　01 新建文档，尺寸为1000像素 × 1300像素，如图8-81所示。选择"渐变工具"中的"径向渐变",如图 8-82,由画布的中心向下拉,即可出现一个由中心向四周扩散效果的背景,如图 8-83 所示。

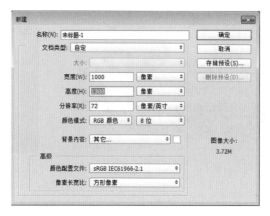

图 8-81

图 8-82   图 8-83

02 按 Shift+Ctrl+N 快捷键新建图层,使用"矩形工具"在适宜位置画出一个深红色的矩形,如图 8-84 所示,然后选择矩形下方的端点向中心移动,形成一个梯形,如图 8-85 所示。

图 8-84   图 8-85

03 使用"钢笔工具"在梯形左侧绘制出一个月牙形,如图 8-86 所示,按 Ctrl+J 快捷键得到副本图层,并把副本图层放置于梯形右侧,两端成对称形式,如图 8-87 所示。

04 将形成碗的三个图层合并,为了增加立体感,给该图层增加图层混合模式"内阴影",混合模式设为"颜色减淡",不透明度设为 30%,角度设为 90 度,距离设为 2 像素,等高线曲线如图 8-88 所示。

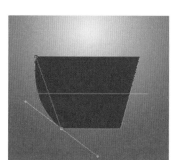

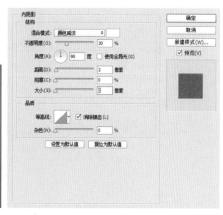

图 8-86   图 8-87   图 8-88

05 此时碗的形状已完成,如图 8-89 所示,然后使用"画笔工具"在碗的上部绘制一条线,代表米饭的轮廓,如图 8-90 所示。

06 使用"钢笔工具"画出 3 个不同形状的米粒,如图 8-91 所示,对其中一个米粒进行混合模式设置。将"斜面和浮雕"中的样式设为"内斜面",深度设为 205%,大小设为 6 像素,角度设为 100 度,高光模式设为"滤色",高光不透明度设为 60%,阴影不透明度设为 26%;"等高线"范围设为 50%;"纹理"中的深度设为 26%;"颜色叠加"中的混合模式设为"正常",不透明度设为 100%;"描边"中的结构大小设为 1 像素,位置设为"外部",不透明度设为 91%,如图 8-92 ～图 8-96 所示。其他数据均保持默认即可。

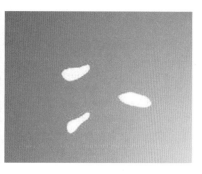

图 8-89   图 8-90   图 8-91

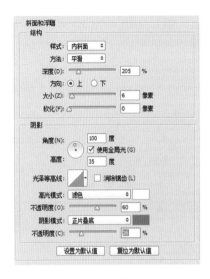

图 8-92

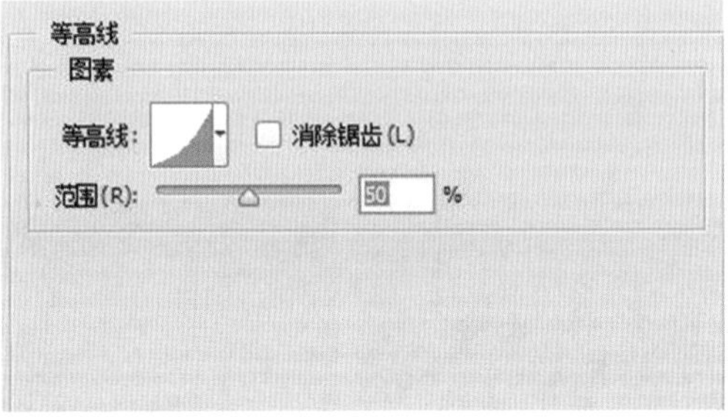

图 8-93

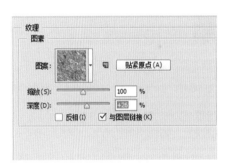

图 8-94

图 8-95

07 选择设置完成的米粒图层，右击并在弹出的快捷菜单中选择"拷贝图层样式"命令，再分别选择其他两个米粒图层，然后右击并在弹出的快捷菜单中选择"粘贴图层样式"命令，此时 3 个米粒均有立体效果。使用"移动工具"，按住 Alt 键拖动米粒，将得到副本图层，使用该方法在米饭的轮廓范围内铺满米粒，得到的效果如图 8-97 所示。

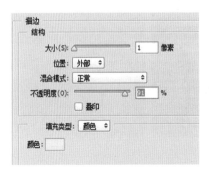

图 8-96

图 8-97

08 接下来对碗进行修饰。新建图层,将前景色改为紫色。执行"滤镜"→"渲染"→"纤维"命令,将图层模式改为"叠加"。为了使碗的纹理具有透视效果,执行"编辑"→"变换"→"变形"命令,对图像进行调整,如图 8-98 ~图 8-100 所示。

09 将纹理图层置于最上层,如图 8-101 所示。此时的效果如图 8-102 所示。

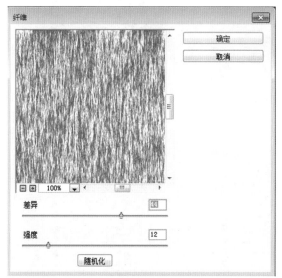

图 8-98

图 8-99

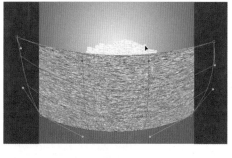

图 8-100

图 8-101

图 8-102

10 使用"加深工具"和"减淡工具"对碗身进行处理,使碗看起来更有立体感,如图 8-103 和图 8-104 所示。

11 使用柔性画笔工具,颜色设为淡紫色,然后对碗口进行反光处理,如图 8-105 所示。

12 新建图层,使用"画笔工具"单击一个白色光晕,如图 8-106 所示,按 Ctrl+T 快捷键,然后压扁光晕,如图 8-107 所示。

13 将光晕放置在碗口的位置,如图 8-108 和图 8-109 所示。

14 新建图层,使用"画笔工具"对米饭绘制阴影,并将图层的不透明度降低,效果如图 8-110 所示。

图 8-103

图 8-104

图 8-105

图 8-106

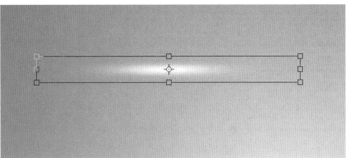

图 8-107

图 8-108

图 8-109

图 8-110

15 使用烟雾效果的笔刷绘制一绺烟雾，然后调整大小与位置，如图 8-111 所示。

16 为了增加效果，使用"画笔工具"绘制闪光图案，并把闪光图层放置在米饭上，如图 8-112 所示。

17 输入文本即可，最终效果如图 8-113 所示。

图 8-111

图 8-112

图 8-113

案例五　制作绚丽宇宙星球图片

　　球面化是滤镜的一种扭曲效果，使用该滤镜可以给图片带来一种球体化的效果；高斯是指当 Photoshop 将加权平均值应用于像素时生成的钟形曲线；高斯模糊滤镜添加低频细节，并产生一种朦胧效果。本案例以滤镜为主要使用工具，进行宇宙星球效果图片的制作。

▰01 新建文档，尺寸为 480 像素 ×360 像素，如图 8-114 所示。

▰02 执行"编辑"→"填充"命令，给背景填充黑色。按 Shift+Ctrl+N 快捷键新建一个图层，使用白色柔性笔工具在画面中单击出星光的效果，如图 8-115 所示。

图 8-114

图 8-115

▰03 将素材图片直接拖入文档中，执行"图像"→"调整"→"去色"命令，按 Ctrl+L快捷键调整图像的对比度，如图 8-116 所示；将图层模式设为"滤色"，不透明度改为15%，效果如图 8-117 所示。

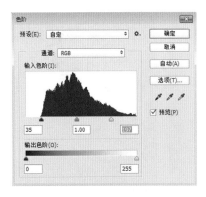

图 8-116　　　　　　　　　　　　　　图 8-117

04 执行"文件"→"打开"命令，打开"青苔"素材图片，按住 Shift+Alt 快捷键，使用"椭圆选框工具"画出一个正圆形，如图 8-118 所示。使用"移动工具"将正圆形选区拖曳到第一个文档中去，如图 8-119 所示。

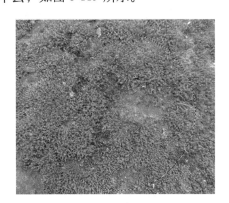

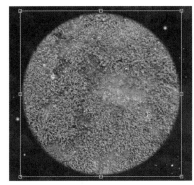

图 8-118　　　　　　　　　　　　　　图 8-119

05 创建选区，执行"滤镜"→"扭曲"→"球面化"命令，参数设置如图 8-120 所示，效果如 8-121 所示。

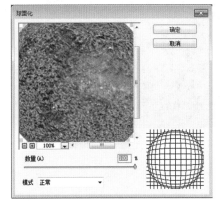

图 8-120　　　　　　　　　　　　　　图 8-121

06 给该图层增加图层样式，增加"外发光"与"内发光"，参数如图 8-122 和图 8-123 所示。

07 现在的效果如图 8-124 所示。

  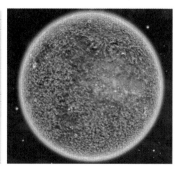

图 8-122　　　　　　　　图 8-123　　　　　　　　图 8-124

08 按 Shift+Ctrl+N 快捷键新建一个图层，使用"椭圆选框工具"画一个正圆形，并给选区填充黑色，如图 8-125 所示。

09 按 Ctrl+D 快捷键取消选区，执行"滤镜"→"模糊"→"高斯模糊"命令，半径设为 45 像素，如图 8-126 所示。

10 效果如图 8-127 所示。

 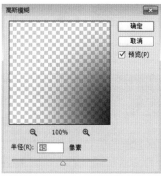 

图 8-125　　　　　　　　图 8-126　　　　　　　　图 8-127

11 新建图层，使用白色柔性笔工具单击几下，使图片出现柔光效果，然后将图层模式改为"叠加"，如图 8-128 所示。

12 按照刚才的星球的制作方法，再制作一个小点的星球。复制星球图层，增加图层样式中的"图案叠加"，如图 8-129 所示，此时的效果如图 8-130 所示。

13 在两个星球的图层下方，新建图层，使用粉色和绿色的画笔绘制几个彩色的光晕，如图 8-131 所示；然后将该图层模式改为"颜色减淡"，不透明度设为 45%，效果如图 8-132

所示。

14 新建图层，使用白色柔性笔工具增加一些星星效果，如图 8-133 所示。

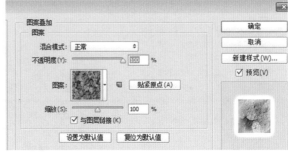

图 8-128 图 8-129

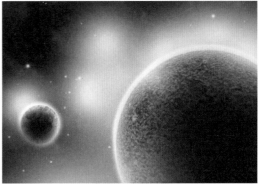

图 8-130 图 8-131

图 8-132 图 8-133

15 打开一个有阳光的素材，使用"套索工具"圈中阳光，使用"移动工具"将选区拖进星球文档，并放置在合理位置，如图 8-134 所示。

16 执行"图像"→"调整"→"去色"命令，将阳光的图层变为黑白，按 Ctrl+L 快捷键打开"色阶"对话框进行调整，如图 8-135 所示。

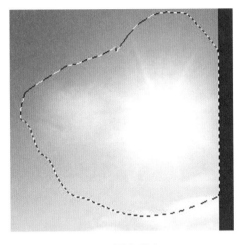

图 8-134　　　　　　　　　　　　　　图 8-135

17 使用柔性白色画笔工具在光的中心位置单击几下，最终效果如图 8-136 所示。

图 8-136

案例六　制作旧墙面颓废风格粉笔艺术字

　　本教程将讲解使用 Photoshop 制作怀旧颓废风格的粉笔艺术字，其中主要使用了通道命令来制作画面颓废效果，而粉笔字效果则通过滤镜工具来处理，这些方法简洁并且十分通用。

　　01 寻找一张颓废墙面图片作为背景，如图 8-137 所示，使用 Photoshop CC 打开图片，如图 8-138 所示。

02 打开"通道"面板,单击"新建通道"按钮,得到新的通道并重命名为1,如图8-139所示。

  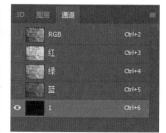

图 8-137　　　　　　　图 8-138　　　　　　　图 8-139

03 使用"文字工具"在通道中增加文字,颜色为白色,完成后按Ctrl+D快捷键取消选区,如图 8-140 所示。

图 8-140

04 执行"编辑"→"变换"→"变形"命令,对文字进行变形,效果如图 8-141 所示。

05 右击通道1,选择"复制通道"命令,得到通道"1 拷贝",将该通道留着备用,如果后期制作错误可以重新启用;执行"滤镜"→"模糊"→"高斯模糊"命令,半径值设为 2 像素,如图 8-142 所示。

06 制作粉笔字效果,执行"滤镜"→"滤镜库"→"粗糙蜡笔"命令,将描边长度设为5,描边细节为2,纹理为砂岩,缩放为77%,凸现为15,光照为右上,如图 8-143 所示。

07 此时,文字效果如图 8-144 所示。

图 8-141

图 8-142

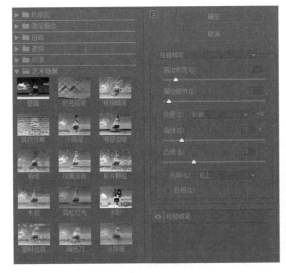

图 8-143

图 8-144

08 按住 Ctrl 键不放，单击通道 1 的图层缩览图，得到文字图形的选区，在保留选区的情况下返回"图层"面板，按 Shift+Ctrl+N 快捷键新建一个图层，执行"编辑"→"填充"命令，然后给选区填充白色，效果如图 8-145 所示。

09 按 Ctrl+D 快捷键取消选区，如图 8-146 所示。

10 单击文字图层前方的眼睛按钮，将文字隐藏，如图 8-147 所示。

11 回到"通道"面板，右击"绿"通道，在弹出的快捷菜单中选择"复制通道"命令，如图 8-148 所示；执行"图像"→"调整"→"色阶"命令，参数设置如图 8-149 所示。

12 按住 Ctrl 键并单击通道缩览图，载入通道，然后返回"图层"面板，如图 8-150 所示；按 Ctrl+J 快捷键复制选区部分，并将图层置于最顶层，此时效果如图 8-151 所示。

图 8-145

图 8-146

图 8-147

图 8-148

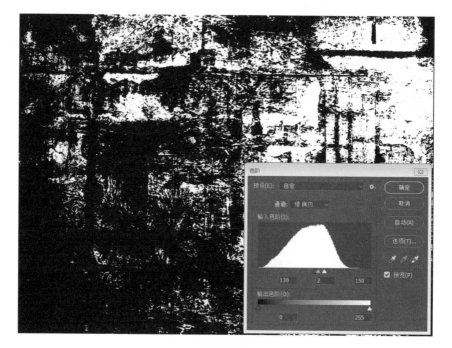

图 8-149

图 8-150   图 8-151

13 回到"通道"面板，新建一个通道，执行"滤镜"→"杂色"→"添加杂色"命令，数量为 350%，选中"平均分布"单选按钮，如图 8-152 所示。

14 执行"滤镜"→"模糊"→"高斯模糊"命令，半径为 2 像素，如图 8-153 所示。

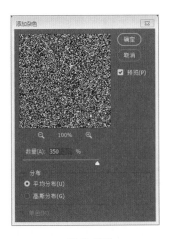

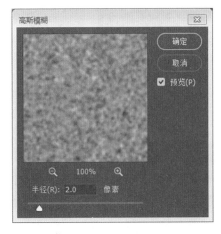

图 8-152   图 8-153

15 执行"滤镜"→"滤镜库"→"彩色铅笔"命令，将铅笔宽度设为 11，描边压力设为 5，纸张亮度设为 50，如图 8-154 所示，此时图像效果如图 8-155 所示。

16 按 Ctrl+L 快捷键调整色阶，参数设置如图 8-156 所示。增加图像的对比度，效果如图 8-157 所示。

17 按 Ctrl+I 快捷键进行反向选择，如图 8-158 所示；返回"图层"面板，按 Ctrl+J 快捷键将选区部分复制，并将复制图层置于最顶层，如图 8-159 所示。

18 将"图层 2"与"图层 4"的不透明度改为 80%，如图 8-160 所示。

19 最终效果如图 8-161 所示。

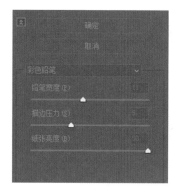

图 8-154

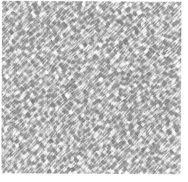

图 8-155

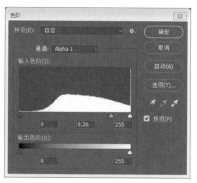

图 8-156

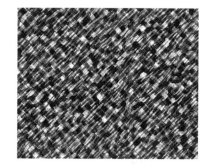

图 8-157

图 8-158

图 8-159

图 8-160

图 8-161

案例七　摄影人物写真彩妆后期制作

　　在制作本节内容前首先要了解眼部构造，然后根据自己的美学常识慢慢美化眼部，最后是彩妆的添加，整个过程需要细心与耐心，这样设计出来的效果才能更加漂亮。

01　将原图置入文档中，使用"裁剪工具"将脸部剪贴下来，如图 8-162 所示。

02　对唇色进行修饰，按 Shift+Ctrl+N 快捷键新建一个图层，使用"套索工具"将嘴唇圈起来，如图 8-163 所示。

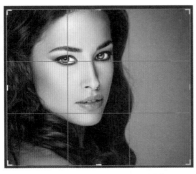

图 8-162　　　　　　　　　　　　　图 8-163

03　新建调整图层"色相 / 饱和度"与"可选颜色"，对嘴唇的颜色进行调整：将"色相 / 饱和度"图层按图 8-164 设置各项参数；将"可选颜色"中的红色按照图 8-165 设置各项参数；将中性色按照图 8-166 设置各项参数。

图 8-164　　　　　　　　　　图 8-165　　　　　　　　图 8-166

04　调整完的效果如图 8-167 所示。

05　接下来制作眼妆。新建一个图层，使用柔性笔刷在上眼内侧进行涂抹，如图 8-168 所示，颜色为 #7e2224，将该图层模式改为"叠加"，完成后的效果如图 8-169 所示。

06　新建一个图层，使用柔性画笔工具在上眼皮外沿和下眼睫处进行涂抹，颜色为 #5e8052，如图 8-170 所示，图层模式改为"叠加"，完成的效果如图 8-171 所示。

07　新建一个图层，在上眼皮高光部位涂抹，颜色为 #dbdfa4，效果如图 8-172 所示，图层模式为"叠加"，不透明度为 70%，此时效果如图 8-173 所示。

08　继续新建一个图层，涂抹颜色为 #8d6d72，然后在下眼皮外沿涂抹，如图 8-174 所示，图层模式为"叠加"，此时效果如图 8-175 所示。

09　新建一个图层，使用柔性笔刷在眼尾处绘制一条上挑的曲线，颜色为白色，图层模式改为"柔光"，如图 8-176 所示。

图 8-167

图 8-168

图 8-169

图 8-170

图 8-171

图 8-172

图 8-173

图 8-174

图 8-175

图 8-176

10 在同样的位置使用同样的方法再画一条曲线，颜色为#7e5822，效果如图 8-177 所示，图层模式为"叠加"，此时效果如图 8-178 所示。

11 新建一个图层，在图 8-179 所示的位置上涂抹，颜色为 #597540，然后将图层模式改为"柔光"，此时效果如图 8-180 所示。

图 8-177　　　　　　　　　图 8-178　　　　　　　　　图 8-179

12 新建一个图层，如图 8-181 所示，使用"钢笔工具"在上眼皮绘制一个形状，然后转为选区，并填充颜色为 #7e2224，图层模式改为"叠加"，不透明度改为 50%，此时效果如图 8-182 所示。

图 8-180　　　　　　　　　图 8-181　　　　　　　　　图 8-182

13 将钻石素材置入文档中，使用"魔棒工具"将钻石抠下来，放在眼角的位置，如图 8-183 所示。

14 给钻石图层增加"投影"图层样式，不透明度为 45%，角度为 120 度，距离为 2 像素，大小为 4 像素，如图 8-184 所示。

图 8-183　　　　　　　　　　　　　图 8-184

15 将钻石图层多复制出几个，按 Ctrl+T 快捷键调整钻石的大小，并排列在眼尾处，如图 8-185 所示。

16 为了使妆容看起来更加精致，执行"滤镜"→"锐化"→"USM 锐化"命令，数量为 64%，如图 8-186 所示。

17 最终效果如图 8-187 所示。

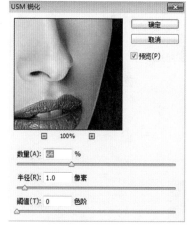 

图 8-185 　　　　　　　　　图 8-186 　　　　　　　　　图 8-187

案例八　制作唯美简洁风格平面艺术插画

现在的插画设计中，简洁风格十分普遍，本案将通过制作一幅简洁唯美风格插画，讲解此类扁平效果插画的制作方法。

01 新建文档，大小为 1000 像素 ×1000 像素，如图 8-188 所示。

02 按 Shift+Ctrl+N 快捷键新建图层，使用"椭圆选框工具"，并按住 Shift+Alt 快捷键，画出一个正圆形，执行"编辑"→"填充"命令，填充颜色为 #3c4db8，将该图层重命名为"天空"，如图 8-189 所示。

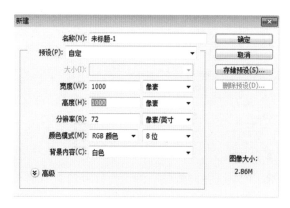 

图 8-188 　　　　　　　　　　　　　　图 8-189

03 给天空增加渐变效果，添加"渐变叠加"图层样式，如图 8-190 所示，颜色为 #3c4db8 向 #63a6f4 的渐变；在"渐变叠加"选项面板中，选中"反向"复选框，如图 8-191 所示。

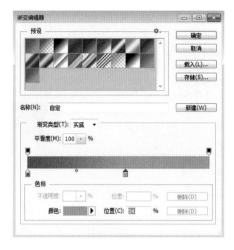

图 8-190　　　　　　　　　　　　　图 8-191

04 此时，天空背景图就做好了，效果如图 8-192 所示。

05 新建图层，使用"钢笔工具"勾出石头形状，填充颜色为 #2d3898。如上面的方法一样给石头添加渐变效果，颜色为 #28378s 向 5e5fc7 渐变，其余值默认即可，如图 8-193 所示。石头的绘制基本完成，效果如图 8-194 所示。

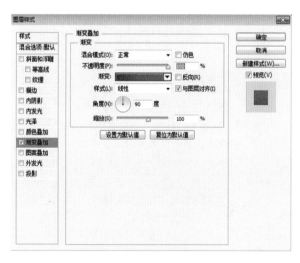

图 8-192　　　　　　　　　　　　　图 8-193

06 修整石头与天空外沿的部位，右击"石头"图层，选择"创建剪贴蒙版"命令；给剪贴蒙版增加图层样式，选中"将内部效果混合成组"复选框，取消选中"将剪贴图层混合成组"复选框，选中"透明形状图层"复选框，如图 8-195 所示。

07 新建一个图层，在图层中绘制一个白色的正圆形，当作月亮，然后给月亮增加"外发光"图层样式，不透明度为 35%，大小为 50 像素，如图 8-196 和图 8-197 所示。

图 8-194

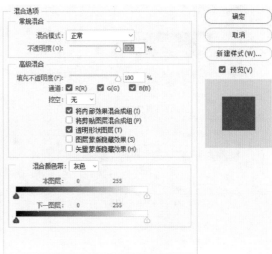

图 8-195

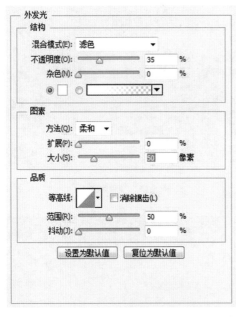

图 8-196

图 8-197

08 寻找一张狼的图片，使用"魔棒工具"将狼抠下来，并放置在石头上，如图 8-198 所示。

09 使用"钢笔工具"将狼的轮廓勾出来，并转化为选区，如图 8-199 所示；新建一个图层，填充颜色为 #646bdb；给狼身增加"渐变叠加"调整图层，颜色由 #646bdb 向 #6069d8 渐变，如图 8-200 所示。

| 图 8-198 | 图 8-199 | 图 8-200 |

10 此时图像效果如图 8-201 所示。

11 制作星光与云彩，新建一个图层，选择"椭圆工具"和"矩形工具"进行绘制，然后单击"路径操作"按钮，选择"合并形状"选项，从而绘制出云朵的形状，如图 8-202 所示。

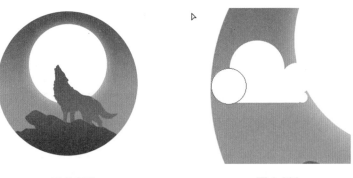

| 图 8-201 | 图 8-202 |

12 制作云彩渐隐于空中的效果，给云彩增加"渐变叠加"样式，颜色由 #8db3f6 向透明色渐变，如图 8-203 所示；在"渐变叠加"选项面板中，选中"反向"复选框，角度为 90 度，如图 8-204 所示。

| 图 8-203 | 图 8-204 |

13 将云朵图层的填充改为 0%，如图 8-205 所示；将云朵图层多复制一些，如图 8-206 所示。

14 制作流星，新建一个图层，使用"矩形工具"绘制矩形，颜色为白色，给矩形图层增加"渐变叠加"样式，渐变颜色和云朵图层设置相同即可，按 Ctrl+T 快捷键将矩形变窄拉长，并旋转角度放置在合适位置，如图 8-207 所示。在月亮表面绘制几个浅色的圆形，表示月球表面的陨坑。

15 使用白色柔性画笔工具在画面中绘制一些大小不一的星星，最终效果如图 8-208 所示。

图 8-205

图 8-206　　　　　　　　图 8-207　　　　　　　　图 8-208

案例九　制作唯美漂亮的圣诞节壁纸图片

本案例主要讲解如何制作唯美的节日壁纸。需要准备一些相关素材图片备用，制作时，先将背景图片做好，然后将素材图片抠出来放置在图片中，调好位置与细节，后期再增加一些梦幻雪花效果。

01 新建文档，大小为1200 像素 ×600 像素，分辨率为 72 像素 / 英寸，如图 8-209 所示。

图 8-209

02 将前景色调整为 #5e9692，背景色调整为 #88b2ae，如图 8-210 和图 8-211 所示；使用"渐变工具"，渐变方式选择"线性"，如图 8-212 所示，然后在画面中由顶部向下拉绘制一个渐变背景，如图 8-213 所示。

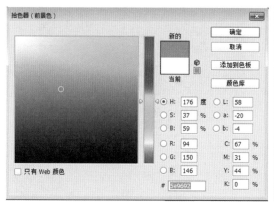

图 8-210

图 8-211

图 8-212

图 8-213

03 使用"钢笔工具"绘制底部雪景，按 Shift+Ctrl+N 快捷键新建图层，然后绘制雪景的一部分波浪，雪景总共做 3 组，3 个图层，如图 8-214 所示。

04 使用"加深工具"，分别给雪景图层增加阴影效果，绘制完成后，按住 Ctrl 键不放选中 3 个雪景图层，右击，选择"合并图层"命令，效果如图 8-215 所示。

图 8-214

图 8-215

05 将人物图层置入文档,使用"魔棒工具",将人物图片的原背景选中,如图 8-216 所示,按 Delete 键删除,人物部分留下备用,如图 8-217 所示。

图 8-216

图 8-217

06 准备好各种素材,雪花背景如图 8-218 所示;将圣诞树、礼品盒置入文档,如人物抠图方法将它们依次抠出,并调整到适宜的大小,然后放置在合适位置,如图 8-219 和图 8-220 所示。

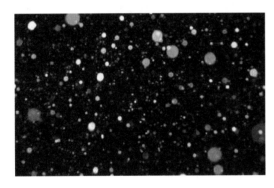

图 8-218

图 8-219

07 使用"文字工具"输入节日主题文字,然后放在画面中心偏上的位置,增加一些彩色气球置于文字周围,增加节日的氛围,如图 8-221 所示。

图 8-220

图 8-221

08 新建一个图层，使用"画笔工具"和"变形工具"，绘制闪光，然后按 Ctrl+J 快捷键复制几个闪光，并将这些光点放到礼物盒的边缘位置，增加效果，如图 8-222 所示。

09 增加下雪氛围，将雪花素材置入文档，如图 8-223 所示，将素材的大小调整成与文档大小相同，再将图层的混合模式改为"柔光"，如图 8-224 所示。

图 8-222

图 8-223

图 8-224

10 给整体图片增加"色彩平衡"和"照片滤镜"调整图层。在"色彩平衡"中，青色、洋红、黄红的数值依次设为 -50、0、0；在"照片滤镜"中，滤镜选择"冷却滤镜 (80)"，浓度为 39%，如图 8-225 和图 8-226 所示。

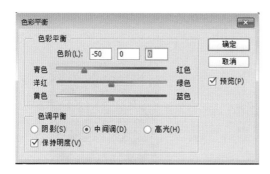

图 8-225

图 8-226

11 增加"曲线"和"亮度/对比度"调整图层。如图 8-227 所示，提高亮部，压低暗部；如图 8-228 所示，亮度为 -50，对比度为 -50。

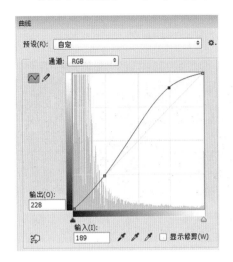

图 8-227   图 8-228

12 此时图像效果如图 8-229 所示。

13 新建一个图层，执行"滤镜"→"渲染"→"分层云彩"命令，效果如图 8-230 所示，然后将图层的混合模式改为"滤色"，效果如图 8-231 所示；给云彩图层增加图层蒙版，使用柔性黑色画笔工具将中间部分擦除，如图 8-232 所示，然后按 Ctrl+J 快捷键复制一层，如图 8-233 所示，使画面出现雾气效果。

图 8-229

图 8-230

图 8-231

图 8-232

图 8-233

14 新建一个图层，使用画笔给人物增加投影，效果如图 8-234 所示；使用大一些的柔性白色画笔工具单击一个圆点，按 Ctrl+T 快捷键，将圆点变成扁长条，并转换个方向，用来当作流星。

15 最终效果如图 8-235 所示。

图 8-234

图 8-235

案例十　制作烟雾特效人物头像

本案例通过对笔刷的灵活使用，制作出一幅别致的烟雾效果人物头像。

01 新建文档，大小为 1890 像素 × 2830 像素，分辨率为 300 像素/英寸，如图 8-236 所示。

02 执行"编辑"→"填充"命令，给背景填充黑色，将人物头像置入，调整好大小与位置，效果如图 8-237 所示。

03 使用"魔棒工具"，删除人物背景，头像留下备用，如图 8-238 所示；执行"图像"→"调整"→"去色"命令，效果如图 8-239 所示。

04 执行"滤镜"→"杂色"→"中间值"命令，半径为 6 像素，如图 8-240 所示；执行"滤镜"→"风格化"→"查找边缘"命令，然后按 Ctrl+I 快捷键进行反相，如图 8-241 所示。

05 执行"滤镜"→"模糊"→"高斯模糊"命令，半径为 5 像素，如图 8-242 所示；使用"橡皮擦工具"将多余的部分擦掉，如图 8-243 所示。

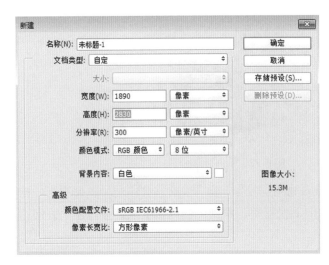

图 8-236　　　　　　　　　　　　　　图 8-237

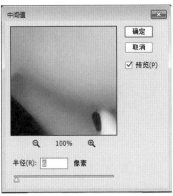

图 8-238　　　　　　　　　图 8-239　　　　　　　　　图 8-240

图 8-241　　　　　　　　　图 8-242　　　　　　　　　图 8-243

06 执行"图像"→"调整"→"色阶"命令，高光、中间调和亮部的值依次为5、1.50、160，如图8-244所示，从而增加图像的对比度。

07 如图8-245所示，将人物头像图层复制，然后将图层混合模式改为"滤色"，这样白线更加亮了。

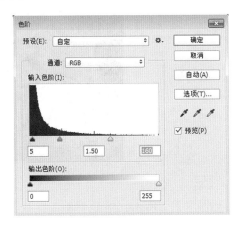

图 8-244   图 8-245

08 在复制图层上新建一个图层，使用"画笔工具"，右击，选择一个烟雾笔刷，然后在画面上创建一个烟雾形状，如图8-246所示。

09 按Ctrl+T快捷键改变烟雾的大小与形状，并放在下颚处，再给图层新建蒙版，使用黑色柔性画笔工具将多余的部分擦掉，如图8-247所示。

图 8-246   图 8-247

10 使用"涂抹工具"让烟雾效果看起来更真实，如图8-248所示。

11 执行"滤镜"→"液化"命令，在选项面板中，选择"前面"模式，不透明度为100%，如图8-249所示。

12 新建一个图层，重复步骤08～步骤11，在人物的头部绘制烟雾效果，完成效果如图8-250所示。

图 8-248　　　　　　　　　　图 8-249　　　　　　　　　　图 8-250

13 在背景图层的上方新建一个图层，如图 8-251 所示；按 D 键恢复前景色与背景色，执行"滤镜"→"渲染"→"云彩"命令，将图层的混合模式改为"滤色"，降低图层的不透明度，如图 8-252 所示。画面效果如图 8-253 所示。

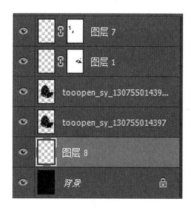

图 8-251　　　　　　　　　　图 8-252　　　　　　　　　　图 8-253

14 增加图层蒙版，在蒙版中，使用黑白径向渐变填充，如图 8-254 所示，这样让烟雾看起来有慢慢消退的效果，如图 8-255 所示。

15 单击"创建新的填充或调整图层"按钮，选择渐变，颜色如图 8-256 所示，参数如图 8-257 所示；设置完毕后，图层混合模式改为"叠加"，如图 8-258 所示。

16 在渐变填充图层下方新建一个图层，按 F5 键调出"画笔"面板，选择五芒星画笔。将大小调整为 700 像素，间距调为 190%，如图 8-259 所示；在"形状动态"中，将"大小抖动"改为 35%，如图 8-260 所示；在"散布"中，散布调为 460%，数量为 2，如图 8-261 所示。

17 在画面中绘制光斑，如图 8-262 所示。

图 8-254　　　　　　　　　图 8-255　　　　　　　　　图 8-256

图 8-257　　　　　　　　　图 8-258　　　　　　　　　图 8-259

图 8-260　　　　　　　　　图 8-261　　　　　　　　　图 8-262

18 给光斑增加"外发光"图层样式，如图 8-263 所示，混合模式改为"滤色"，不透明度为 75%，大小为 5 像素、范围为 50%，其余值默认。

19 调整一下图片的整体色彩，增加"色彩平衡"调整图层，色调选择"中间调"，青色、洋红、黄色的值依次为 22、–65、–100，如图 8-264 所示。

20 最终效果如图 8-265 所示。

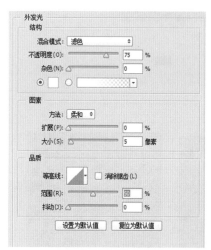
图 8-263

图 8-264

图 8-265

案例十一 制作电商精美化妆品广告宣传图海报

在进行海报设计前，要对设计主体进行分析，本案例要设计的海报是冰肌系列的化妆品，所以主要素材均是冰川雪域图片，色调也是清凉的冷色调，给人舒爽的视觉效果。在设计时，产品应处于画面的中心位置，在构图时，也需要考虑产品与搭配物体的构图关系，这样才能制作出更加理想的图像效果，接下来将讲解精美的化妆产品宣传海报的制作过程。

01 收集有关冰川雪域的素材图片以及化妆品相关素材。执行"文件"→"新建"命令，建立一个 1920 像素 ×1080 像素的空白文档，然后使用"渐变工具"，颜色为蓝色到白色，由上向下拉，形成一个渐变背景，如图 8-266 和图 8-267 所示。

02 将冰面素材图片置入文档，执行"图像"→"调整"→"色阶"命令，如图 8-268 所示，将参数依次调整为 0、1、230；执行"图像"→"调整"→"曲线"命令，压低暗部，提高亮部，如图 8-269 所示。

03 使用"渐变工具"，颜色为由前景色到透明色渐变，如图 8-270 所示，从而给冰面增加一个渐变效果，对冰面图像的大小与位置进行调整，使其布满画面，如图 8-271 所示。

图 8-266

图 8-267

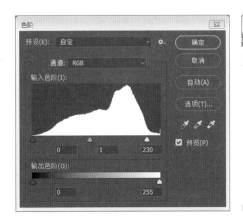

图 8-268

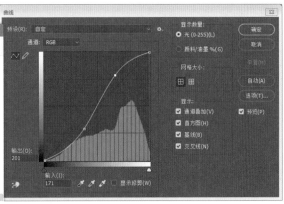

图 8-269

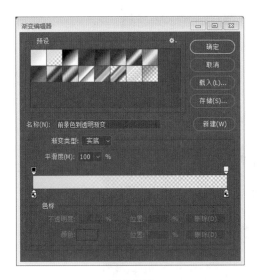

图 8-270

图 8-271

04 将冰山素材置入，使用"魔棒工具"将冰山的背景选中并删除，按 Ctrl+T 快捷键调整图像大小，如图 8-272 所示，放在较远处的位置作为远景，然后使用柔性橡皮擦工具对交接处进行处理，这样看起来更加自然，如图 8-273 所示。

| 图 8-272 | 图 8-273 |

05 使用如上方法再置入一张冰川素材图片，放到画面最远处当作最远景，将图片不透明度改为 60%，效果如图 8-274 所示。

图 8-274

06 增加"可选颜色"调整图层，首先颜色选择"中性色"，青色为 1%，洋红为 -9%，其余为 0%；然后颜色选择"白色"，青色为 6%，黄色为 -13%，其余为 0%；最后颜色选择"黑色"，黑色改为 -24%，其余为 0%，如图 8-275 所示。

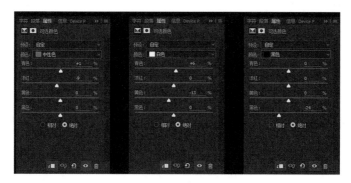

图 8-275

07 将一张造型较为奇特的冰山图片置入，如上处理后放置在画面中间，用来当作放置化妆品的载体，如图 8-276 所示。

08 将雪莲素材图片置入并置于最上层，雪莲要放置在中心冰山上，抠完图后，给雪莲图层增加图层蒙版，如图 8-277 所示；使用黑色柔性画笔工具在莲花上涂抹，让冰山的一部分露出，和莲花形成自然错落遮掩的效果，如图 8-278 所示。

图 8-276   图 8-277

09 将化妆品素材图片置入抠出，化妆品图层要置于莲花图层下方，按 Ctrl+T 快捷键进行缩放，把化妆品放置在莲花中心的位置，如图 8-279 所示。

图 8-278   图 8-279

10 将冰面纹理置入文档，如图 8-280 所示，将该图层移动到产品的上一层位置，右击，选择"创建剪贴蒙版"命令，如图 8-281 所示，产品即被附上一层冰面效果。

11 使用"加深工具"和"减淡工具"对瓶身的明暗关系进行调整，从而加深立体感，如图 8-282 和图 8-283 所示。

12 为了制作雪莲的梦幻效果，使用同样方法将冰面纹理置于雪莲上，再将该冰面纹理的图层样式改为"点光"，如图 8-284 所示。

13 调整整体颜色，增加"可选颜色"调整图层，如图 8-285 所示，颜色选择"中性色"，将青色改为 26%，洋红为 0%，黄色为 -23%，黑色为 -22%。

图 8-280

图 8-281

图 8-282

图 8-283

图 8-284

图 8-285

[14] 此时图像效果如图 8-286 所示，接下来就是细节调整。给产品加入结冰效果，将冰挂素材置入文档，使用"魔棒工具"将冰挂抠出来，放在产品上，冰挂的图层模式选择"正片叠底"，执行"编辑"→"变换"→"透视"命令，如图 8-287 所示。将冰挂处理得更加真实地挂在瓶子上，如图 8-288 所示。

图 8-286   图 8-287

[15] 进行字体设计，重新新建一个文档，使用"文字工具"输入文字，如图 8-289 所示；然后执行 3D →"从所选图层新建 3D 模型"命令，建立立体文字模型，如图 8-290 所示。

图 8-288   图 8-289

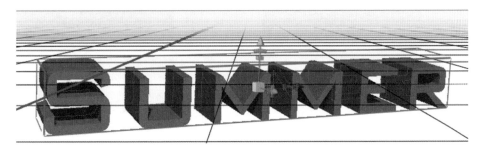

图 8-290

16 使用"旋转工具"，将文字摆放位置与角度调整好，如图 8-291 所示；然后打开"无限光"选项面板，将强度设为 168%，柔和度设为 37%，如图 8-292 所示。

图 8-291   图 8-292

17 立体字制作完成后，使用"移动工具"将它拖回冰川雪莲的文档，并放在合适的位置；执行"图像"→"调整"→"渐变映射"命令，颜色为由深蓝至浅蓝，如图 8-293 所示。

18 与刚才制作产品和莲花身上的冰纹一样，给文字也制作冰纹效果，如图 8-294 所示；此时效果如图 8-295 所示。

19 现在要做场景中的飘雪效果，新建一个图层，使用白色柔性画笔工具画出一个光晕，按 Ctrl+T 快捷键对光晕进行变形，使它变得细长，如图 8-296 所示；执行"滤镜"→"模糊"→"动感模糊"命令，距离为 8 像素，如图 8-297 所示。

20 按 Ctrl+J 快捷键将光晕图层多复制几次，按 Ctrl+T 快捷键依次对几个光晕的大小和角度进行调整，如图 8-298 所示。

21 将产品的商标图片拖入文档，置于所有图层最顶层，将该图层的样式改为"正片叠底"，如图 8-299 所示，并放在图像右上角；最后进行一些细节处理，选择几个冰山图层，使用"加深工具"对冰山的暗部进行加深处理，增加立体效果。

22 最终效果如图 8-300 所示。

图 8-293

图 8-294

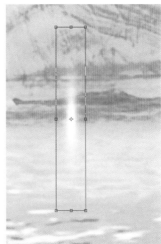

图 8-295

图 8-296

图 8-297

图 8-298

图 8-299

图 8-300